Operación Trachtenberg

Operación Trachtenberg

David Herrera Pérez

Copyright © septiembre de 2022 David Herrera Pérez.

(**Revisado en** marzo de **2026**)

Bibliografía y obras del autor

Errores **CORREGIDOS** — **INCLUYE:** *Tabla de Contenidos*

Todos los derechos reservados.
Ninguna parte de este libro puede ser utilizada o reproducida en cualquier forma sin el permiso por escrito del autor, salvo en caso de citas breves en artículos de revistas.

ISBN: 979-8789858240

Contacto: micifut@hotmail.com
URL del autor: https://amazon.com/author/davidhperez

Tabla de Contenidos

Prefacio xi

1. **Números con truco** 1

   Multiplicar por 11 4

   Multiplicar por 12 6

   Multiplicar por 6 8

   Multiplicar por 7 12

   Multiplicar por 5 16

   Multiplicar por 9 19

   Multiplicar por 8 23

   Multiplicar por 4 27

   Multiplicar por 3 33

   Multiplicar por 2 39

   Multiplicar por 1 41

   Multiplicar por 0 41

   Resumen de reglas 41

2.— **Multiplicación rápida** 47

Multiplicador de dos cifras 47

Multiplicador de tres cifras 52

Multiplicador de 4 ó más cifras 55

3.— **Método de los dos dedos** 59

Multiplicador de un dígito 62

Multiplicador de dos cifras 64

Multiplicador de tres o más cifras 69

4.— **Sumas y correcciones** 75

Detección de errores en las operaciones 85

Métodos generales de chequeo 90

Método de reducción a dígitos 90

Método de los onces 93

5.— **División rápida** 99

Método rápido de división 107

Divisor de un solo dígito 108

Divisor de dos dígitos 109

Divisor de tres o más dígitos 116

6. **Cuadrados y sus raíces** 131

Cuadrado de un número 132

Números de una cifra 132

Números de dos cifras 132

Números de dos cifras terminados en **5** 133

Números de dos cifras cuya decena es **5** 135

Números de tres o más cifras................................. 138

Raíz cuadrada de un número............................ 143

Números de dos cifras 146

Números de tres o cuatro cifras............................ 146

Números de cinco o seis cifras............................... 154

Números de siete u ocho cifras............................. 165

Números de nueve o más cifras 175

7. **Cubos y sus raíces**.. 179

Raíz cúbica de un número 180

8. **Raíz cuarta o superior**....................................... 191

9.— **Descomposición factorial** 203

    División por 0 203

    División por 1 203

    División por 2 204

    División por 3 205

    División por 4 206

    División por 5 207

    División por 6 208

    División por 7 208

    División por 8 211

    División por 9 212

    División por 10 214

    División por 11 214

    División por 12 217

    División por 13 217

    División por un número N 220

    Números primos 225

    Descomposición factorial 236

Simplificación de fracciones 239

Simplificación escandalosa de fracciones 240

Fórmulas inmersas en fracciones 242

Cifras significativas y redondeo 244

    Convenciones para redondear 245

    Redondeos en las operaciones 245

10.— **Cálculo de logaritmos** 247

Cálculo del número e 248

Cálculo del logaritmo en base 10 de 2 251

Cálculo del logaritmo en base 2 de e 262

Cálculo de logaritmos a partir del $\log_2 a$ 266

11.— **El método *ABN*** 269

Suma *ABN* 269

Resta *ABN* Detracción 271

Resta *ABN* Escalera ASCENDENTE 272

Resta *ABN* Escalera DESCENDENTE 273

Multiplicación *ABN* 274

División *ABN* 275

Bibliografía 277

Obras del autor 278

Prefacio

Este es un libro de autoayuda para los que en algún momento de sus vidas perdieron la confianza en sí mismos; para los que se creen incapaces de resolver cualquier operación sin una calculadora; en definitiva, para los que no confían en su propio cerebro. Explora caminos del cálculo no tradicionales inspirados por los conocimientos del ruso Jakow Trachtenberg, quien prisionero en un campo de concentración nazi supo mantener su cordura ideando cómo operar con los números sólo con su mente.

El lector se sorprenderá de métodos excluidos del aprendizaje tradicional de la escuela, abriendo su mente a nuevas posibilidades de pensamiento que priorizan el uso de sólo sumas y restas; comprobará por sí mismo la lógica inherente a los cálculos y será seducido por los algoritmos utilizados, que indefectiblemente le harán usar su cabeza.

La primera lectura del libro debe hacerse desde la primera página a la última; una lectura aleatoria de los capítulos podría desalentar al lector, que al no estar familiarizado con los nuevos conceptos experimentaría cierta dificultad y confusión.

Este libro tiene mucha información de utilidad relacionada con el cálculo, desde trucos para multiplicar por los primeros números naturales sin necesidad de calculadora hasta métodos para elevar un número a otro cualquiera, o calcular a mano la raíz enésima de un número o su logaritmo, pasando por curiosas formas de multiplicar y dividir poco comunes, la detección de errores en las operaciones, la descomposición en factores de los 1000 primeros números —resaltando entre ellos los que son primos—, la simplificación de fracciones, reglas para determinar las cifras significativas de un número y su redondeo y un somero vistazo al método ABN que complementa la educación tradicional.

Capítulo 1
Números con truco

Algunos números parecen tener en su esencia una magia interior que contagian al operar con ellos. Esa característica que los define permite predecir el resultado de la operación aritmética en la que participan siguiendo unas sencillas reglas que nos permiten prescindir del uso de ingentes cantidades de papel y múltiples lápices a la hora de enfrentarnos al reto de multiplicar dos números con muchas cifras. En particular, Trachtenberg exploró los trucos básicos asociados al **11**, **12**, **6**, **7**, **5**, **9**, **8**, **4**, **3**, **2**, **1** y **0**. Algunos son evidentes, pero otros... no tanto.

Todos los números con los que vamos a operar

están en *base* 10 (los que encontramos en la vida diaria). En **base 10** la nada se representa como **0**, el uno como **1**, (1 + 1) como **2**, (2 + 1) como **3**, (3 + 1) como **4**, (4 + 1) como **5**, (5 + 1) como **6**, (6 + 1) como **7**, (7 + 1) como **8** y (8 + 1) como **9**; pero en la representación del (9 + 1) se utilizan dos números (10) ya que se han usado todos los guarismos posibles y debe iniciarse un nuevo ciclo de repetición (11, 12, 13, 14, 15, 16, 17, 18, 19) y después otro (22, 23, 24, 25, 26, 27, 28, 29) y otro... así hasta que de nuevo se acaban las grafías disponibles y se requiere una cifra adicional a la izquierda: (99 + 1) se representa como 100. Este sutil truco matemático se llama **ponderación** y facilita el cálculo enormemente. La posición de *cada cifra del número está intrínsecamente asociado a un valor* (que en *base* 10) se corresponde al lógicamente esperado: *diez elevado a la posición de la cifra dentro del número considerado* (las posiciones se numeran de derecha a izquierda, comenzando por 0). Para aclarar todo esto, consideremos el número **123**; **1** está en la *posición* 2 (10 al cuadrado es 100) por lo que el valor que aporta es 100 (1 por 100), **2** está en la *posición* 1 (10 elevado a 1 es 10) aportando un valor de 20 (2 veces 10) y **3** está en la *posición* 0 (10 elevado a 0 es 1) determinando el valor 3 (3 por 1 es 3): su suma conjunta (100 más 20 más 3) constituye el número 123. De vital importancia es tener en cuenta que al sumar dos números hay que operar siempre con las cifras de igual ponderación (las unidades de un número con las unidades del otro, las decenas de uno con las decenas del otro, las centenas de uno con las centenas del otro... y así sucesivamente), comenzando por las de menor ponderación (las de más a la derecha) y siguiendo hacia la izquierda hasta agotar las cifras disponibles. En cada una de esas sumas, si su valor produce un número de dos cifras (esto es, sobrepasa 9), se produce un acarreo (las decenas de esa suma) que hay que arrastrar a la izquierda hasta la suma siguiente. P. ej. sumar 63 a 957 produce 1020 en estos pasos:

- 7 más 3 son 10 (**0** en las unidades y 1 *de acarreo*).
- 5 más 6 más 1 *de acarreo* son 12 (**2** en las decenas y 1 *de acarreo*).

- 9 más 0 más 1 *de acarreo* son 10 (**0** en las centenas y 1 *de acarreo* que se traslada a los millares para ser sumado allí con 0 generando el dígito **1**).

Multiplicar por 11

Ya estamos preparados para investigar qué pinta tiene el resultado de multiplicar un número cualquiera por 11. Usaremos 123 como víctima. El número 11 es 10 más 1, por lo que hay que multiplicar 123 por 1, 123 por 10 y sumar ambos resultados. Tradicionalmente esto se indica así:

0	1	2	3
	×	1	1
	1	2	3
1	2	3	
1	3	5	3

El número **123** es **100** (1 por 100 ó $1 \cdot 10^2$) más **20** (2 por 10 ó $2 \cdot 10^1$) más **3** (3 por 1 ó $3 \cdot 10^0$) y **11** es **1** más

10 (1 por 10 ó 10^1), entonces:

$$123 \cdot 11 = (100 + 20 + 3) \cdot (1 + 10)$$
$$= (\mathbf{1} \cdot 10^2 + \mathbf{2} \cdot 10^1 + \mathbf{3} \cdot 10^0) \cdot 1$$
$$+ (\mathbf{1} \cdot 10^2 + \mathbf{2} \cdot 10^1 + \mathbf{3} \cdot 10^0) \cdot 10^1$$
$$= (\mathbf{1} \cdot 10^2 + \mathbf{2} \cdot 10^1 + \mathbf{3} \cdot 10^0)$$
$$+ (\mathbf{1} \cdot 10^3 + \mathbf{2} \cdot 10^2 + \mathbf{3} \cdot 10^1)$$

y agrupando los términos de misma potencia de 10,

$$123 \cdot 11 = \mathbf{1} \cdot 10^3 + (\mathbf{1} + \mathbf{2}) \cdot 10^2 + (\mathbf{2} + \mathbf{3}) \cdot 10^1 + \mathbf{3} \cdot 10^0$$
$$= \mathbf{1} \cdot 10^3 + \mathbf{3} \cdot 10^2 + \mathbf{5} \cdot 10^1 + \mathbf{3} \cdot 10^0 = \mathbf{1353}$$

De aquí se puede inferir una regla interesante:

Cada cifra del resultado se puede obtener a partir del número original (al que añadimos una cifra más a su izquierda de valor nulo por comodidad del algoritmo) sin más que **sumar al dígito de su posición el que lo precede** *(el de su derecha ó 0 si no existe)* **y el acarreo** *inmediatamente anterior (en caso de ser aplicable).*

En el ejemplo, el número original es 0123, por lo que el proceso a seguir es: 3 más 0 es **3** (las unidades); 2 más 3 son **5** (las decenas); 1 más 2 es **3** (las centenas); y 0 más 1 es **1** (los millares), lo que resulta en **1353**.

Un ejemplo con acarreo es 178 (considérese 0178 para saber cuándo parar) por 11 cuyo resultado es **1958**: las unidades son **8** (8 más 0), las decenas son **5** (7 y 8 son **15**, esto es: **5** y 1 *de acarreo*), las centenas son **9** (1 más 7 más 1 *de acarreo*) y los millares son **1** (0 más 1).

Multiplicar por 12

Ahora vamos a indagar el resultado de multiplicar un número cualquiera por 12 usando 123 como víctima. El número 12 es 10 más 2, por lo que hay que multiplicar 123 por 2, 123 por 10 y sumar ambos resultados:

0	1	2	3
	×	1	2
	2	4	6
1	2	3	
1	4	7	6

El número **123** es **100** (1 por 100 ó $1 \cdot 10^2$) más **20** (2 por 10 ó $2 \cdot 10^1$) más **3** (3 por 1 ó $3 \cdot 10^0$) y **12** es **2** más

10 (1 por 10 ó 10^1), entonces:

$$\begin{aligned}\mathbf{123}\cdot\mathbf{12} &= (100+20+3)\cdot(2+10)\\ &= (\mathbf{1}\cdot10^2+\mathbf{2}\cdot10^1+\mathbf{3}\cdot10^0)\cdot 2\\ &\quad+(\mathbf{1}\cdot10^2+\mathbf{2}\cdot10^1+\mathbf{3}\cdot10^0)\cdot10^1\\ &= (2\cdot\mathbf{1}\cdot10^2+2\cdot\mathbf{2}\cdot10^1+2\cdot\mathbf{3}\cdot10^0)\\ &\quad+(\mathbf{1}\cdot10^3+\mathbf{2}\cdot10^2+\mathbf{3}\cdot10^1)\end{aligned}$$

y agrupando los términos de misma potencia de 10,

$$\begin{aligned}\mathbf{123}\cdot\mathbf{12} &= \mathbf{1}\cdot10^3+(2\cdot\mathbf{1}+\mathbf{2})\cdot10^2+(2\cdot\mathbf{2}+\mathbf{3})\cdot10^1+2\\ &\quad\cdot\mathbf{3}\cdot10^0=\mathbf{1}\cdot10^3+\mathbf{4}\cdot10^2+\mathbf{7}\cdot10^1+\mathbf{6}\cdot10^0\\ &= \mathbf{1476}\end{aligned}$$

De donde se puede inferir la siguiente regla:

Cada cifra del resultado se puede obtener a partir del número original (al que añadimos una cifra más a su izquierda de valor nulo) sin más que **sumar al DOBLE del dígito** *de su posición* **el que lo precede** *(el de su derecha ó 0 si no existe) y el* **acarreo inmediatamente anterior** *(en caso de haberse producido).*

En el ejemplo, el número original es 0123 y el cálculo es el siguiente: 3 por 2 son 6, más 0 son **6** (las unidades); 2 por 2 son 4, más 3 son **7** (las decenas); 1

por 2 son 2, más 2 son **4** (las centenas); 0 por 2 es 0, más 1 es **1** (los millares), lo que resulta en **1476**.

El producto de 178 por 12 constituye un ejemplo con acarreo; el resultado es **2136**; las **unidades son 6** (8 por 2 más 0 son 16, esto es, **6** unidades y 1 *de acarreo*), las **decenas son 3** (7 por 2 más 8 más 1 *de acarreo* son 23, esto es: **3** y 2 *de acarreo*), la **centena es 1** (el doble de 1 más 7 más 2 *de acarreo* son 11: el **1** de la derecha es la centena del resultado, el de la izquierda determina 1 *de acarreo*) y los **millares son 2** (el doble de la cifra añadida —2 por 0 es 0— más 1 de la cifra a su derecha más 1 *de acarreo* inmediato anterior).

Multiplicar por 6

Veamos qué sucede al multiplicar un número cualquiera por 6. Como ya es habitual, usaremos como víctima 123:

0	1	2	3
		×	6
	7	3	8

Ante tal operación Trachtenberg supo cómo inferir una regla al advertir que 6 es 1 más 5 (10 dividido por 2).

El número **123** es **100** (1 por 100) más **20** (2 por 10) más **3**; **multiplicarlo por 6 es** multiplicar **100** por 10, **20** por 10 y **3** por 10, dividir cada resultado por 2, hallar su suma y añadirla a 123:

$$\mathbf{123 \cdot 6} = 123 \cdot (1+5) = 123 \cdot \left(1 + \frac{10}{2}\right) =$$
$$= (100 + 20 + 3) \cdot \left(1 + \frac{10}{2}\right)$$
$$= (\mathbf{1} \cdot 10^2 + \mathbf{2} \cdot 10^1 + \mathbf{3} \cdot 10^0) \cdot \left(1 + \frac{10}{2}\right)$$

entonces,

$$\mathbf{123 \cdot 6} = (\mathbf{1} \cdot 10^2 + \mathbf{2} \cdot 10^1 + \mathbf{3} \cdot 10^0) \cdot 1$$
$$+ (\mathbf{1} \cdot 10^2 + \mathbf{2} \cdot 10^1 + \mathbf{3} \cdot 10^0) \cdot \frac{10}{2}$$
$$= (\mathbf{1} \cdot 10^2 + \mathbf{2} \cdot 10^1 + \mathbf{3} \cdot 10^0) \cdot 1$$
$$+ \left(\frac{\mathbf{1}}{2} \cdot 10^3 + \frac{\mathbf{2}}{2} \cdot 10^2 + \frac{\mathbf{3}}{2} \cdot 10^1\right)$$

y agrupando los términos en potencias de 10,

$$\mathbf{123 \cdot 6} = \frac{1}{2} \cdot 10^3 + \left(1 + \frac{2}{2}\right) \cdot 10^2 + \left(2 + \frac{3}{2}\right) \cdot 10^1 + 3 \cdot 10^0$$

Si el dígito que se divide entre 2 es impar es necesario agregarle 0,5 (la parte fraccionaria que se genera), lo que equivale a sumar 5 al término inmediato de menor ponderación. En este caso 1 y 3 son impares, con lo que sus fracciones correspondientes se sustituyen por el cociente al dividir por 2 y la parte fraccionaria (5) pasa al término adyacente de menor ponderación por lo que la expresión anterior deviene en:

$$\mathbf{123 \cdot 6} = 0 \cdot 10^3 + (1 + 1 + 5) \cdot 10^2 + (2 + 1) \cdot 10^1$$
$$+ (3 + 5) \cdot 10^0 = 7 \cdot 10^2 + 3 \cdot 10^1 + 8 \cdot 10^0$$
$$= \mathbf{738}$$

esto es, se cumple la siguiente regla:

*Cada cifra del resultado se puede obtener a partir del número original (al que añadimos una cifra más a su izquierda de valor nulo) sin más que **sumar 5** al dígito de su posición (**sólo si éste es impar**) más el **COCIENTE ENTERO** (sin redondear) **que resulta de dividir por 2 el que lo precede** (el cual es el de su derecha ó 0 en caso de no existir) más el **acarreo inmediatamente anterior** (si procede).*

Comparando esta regla con el resultado de la operación vemos que: el **8** de las unidades procede de 3 (impar) más 5 más 0; el **3** de las decenas se obtiene al sumar 2 (par) más 1 (la parte entera de dividir el número de la posición precedente entre 2, a saber, 3 dividido por 2); el **7** de las centenas se puede calcular como 1 (impar) más 5 más 1 (la parte entera de 2 dividido por 2); los millares son 0 porque al 0 (que consideramos par) habría que sumarle el cociente entero de 1 entre 2, que es 0.

El producto 178 por 6 es un ejemplo con acarreo cuyo resultado es **1068**: las **unidades son 8** (8 más 0); las **decenas son 6** (como **7** es impar, además de **4** —8 entre 2— hay que sumar **5**, lo que resulta en **16**, esto es: 6 y 1 *de acarreo*), la **centena es 0** (1 más **5** más **3** —la parte entera de 7 entre 2— más 1 *de acarreo* hacen **10**, esto es: 0 y 1 *de acarreo*) y el **millar es 1** (0 —la cifra adicional agregada a la izquierda de 178 por comodidad de cálculo más **0** —la parte entera de 1 entre 2— más 1 *de acarreo*).

Multiplicar por 7

¿Qué sucede al multiplicar un número cualquiera por 7? Como ya es habitual, usaremos 123 como víctima. Hay que sumar **1 + 20** (7 por 3 son 21) más **40 + 100** (7 por 20 son 140) más **700** (7 por 100), esto es: el dígito de las unidades es **1**, las decenas son **6** (**20** más **40**) y las centenas **8** (**100** más **700**).

Tradicionalmente la operación es: 7 por 3 son 21 (pongo un **1** en las unidades del resultado y me llevo 2); 7 por 2 son 14, que más 2 *de acarreo* hacen 16 (pongo **6** en las decenas del resultado y me llevo 1); por último, se multiplica 7 por 1 (que son 7) y se suma el acarreo inmediatamente anterior (me llevaba 1) dando un total de **8** para las centenas del resultado. Todo este proceso normalmente se resume así:

0	1	2	3
		×	7
	8	6	1

A pesar de no ser fácil inferir una regla de este ejemplo, Trachtenberg supo cómo hacerlo al observar que 7 es 2 más 5 (10 dividido por 2). El número **123** es **100** (1 por 100) más **20** (2 por 10) más **3**; **multiplicarlo por 7 es** multiplicar 100 por 10, 20 por 10 y 3 por 10, dividir cada sumando entre 2, y añadir el doble de 123 al total de la suma:

$$\mathbf{123} \cdot \mathbf{7} = 123 \cdot (2+5) = (100+20+3) \cdot \left(2+\frac{10}{2}\right)$$

$$= (\mathbf{1} \cdot 10^2 + \mathbf{2} \cdot 10^1 + \mathbf{3} \cdot 10^0) \cdot \left(2+\frac{10}{2}\right)$$

Operando y agrupando los términos en potencias de 10,

$$\mathbf{123} \cdot \mathbf{7} = (\mathbf{1} \cdot 10^2 + \mathbf{2} \cdot 10^1 + \mathbf{3} \cdot 10^0) \cdot 2$$
$$+ (\mathbf{1} \cdot 10^2 + \mathbf{2} \cdot 10^1 + \mathbf{3} \cdot 10^0) \cdot \frac{10}{2}$$
$$= (2 \cdot \mathbf{1} \cdot 10^2 + 2 \cdot \mathbf{2} \cdot 10^1 + 2 \cdot \mathbf{3} \cdot 10^0)$$
$$+ \left(\frac{\mathbf{1}}{2} \cdot 10^3 + \frac{\mathbf{2}}{2} \cdot 10^2 + \frac{\mathbf{3}}{2} \cdot 10^1\right)$$
$$= \frac{\mathbf{1}}{2} \cdot 10^3 + \left(2 \cdot \mathbf{1} + \frac{\mathbf{2}}{2}\right) \cdot 10^2 + \left(2 \cdot \mathbf{2} + \frac{\mathbf{3}}{2}\right) \cdot 10^1$$
$$+ 2 \cdot \mathbf{3} \cdot 10^0$$

Si el dígito que se divide entre 2 es impar es necesario

agregarle 0,5 (la parte fraccionaria que se genera), lo que equivale a sumar 5 al término inmediato de menor ponderación. En este caso 1 y 3 son impares, con lo que sus fracciones correspondientes se sustituyen por el cociente al dividir por 2 y la parte fraccionaria pasa al término adyacente de menor ponderación (sumándole 5) por lo que la expresión anterior deviene en:

$$\mathbf{123 \cdot 7} = 0 \cdot 10^3 + (2 \cdot \mathbf{1} + 5 + 1) \cdot 10^2 + (2 \cdot \mathbf{2} + 1) \cdot 10^1$$
$$+ (2 \cdot \mathbf{3} + 5) \cdot 10^0$$
$$= \mathbf{8} \cdot 10^2 + (\mathbf{5} + \underline{\mathbf{1}}) \cdot 10^1 + \mathbf{1} \cdot 10^0 = \mathbf{861}$$

donde las decenas generadas por $2 \cdot 3 + 5$ constituyen el acarreo ($\underline{1}$) que se transmite al dígito de ponderación inmediata superior; esto es, se cumple la siguiente regla:

Cada cifra del resultado se puede obtener a partir del número original (al que añadimos una cifra más a su izquierda de valor nulo) sin más que **sumar al DOBLE del dígito** *de su posición:* **5** *(únicamente si dicho dígito es impar) más el* **COCIENTE ENTERO que resulta de dividir por 2 el que lo precede** *(el cual es el de su derecha ó 0 en caso de no existir) más el* **acarreo** *inmediatamente anterior* (en caso de producirse).

En el resultado de la operación (861), el **1** de las unidades procede del *doble de* 3 (impar) más **5** más **0**, lo que da un total de **11**, esto es: **1** y 1 *de acarreo*; las decenas se pueden obtener al sumar el *doble de* 2 (par) más **1** *(la parte entera de dividir el dígito de la posición precedente por 2, esto es, 3 entre 2)* más **1** *de acarreo*, lo que resulta en **6**; las centenas se obtienen de forma similar sumando el *doble de* 1 (por ser 1 impar) más **5** más **1** (la parte entera de 2 dividido por 2) resultando **8**; los millares son 0 porque al 0 (par) habría que sumarle el cociente entero de 1 entre 2, que es 0.

Un *ejemplo con acarreo* es 0178 · 7 cuyo resultado es **1246**: las **unidades son** 8 por 2 más 0, lo que da **16** (**6** más 1 *de acarreo*); las **decenas son 4** —al *doble de* 7 hay que sumarle **5** (por ser 7 impar) más **4** (el cociente de 8 entre 2) más **1** *de acarreo*, lo que resulta en **24** (4 y 2 *de acarreo*)—, la **centena es 2** —el *doble de* 1 más **5** (1 es impar) más **3** (la parte entera de 7 dividido por 2) más **2** *de acarreo*, lo que suma **12** (2 y 1 *de acarreo*)— y los **millares son 1** —el **0** correspondiente al doble de la cifra adicional agregada al principio por comodidad de cálculo más el **0** de la parte entera del resultado de la operación 1 entre 2 más **1** *de acarreo*—.

Multiplicar por 5

Tener como multiplicador el número 5 resulta bastante amigable. Tradicionalmente la operación se indica así:

0	1	2	3
		×	5
	6	1	5

Hemos usado como multiplicando **123**, que es **100** (1 por 100) más **20** (2 por 10) más **3**; **multiplicarlo por 5 es** multiplicar 100 por 10, 20 por 10 y 3 por 10, dividir cada sumando por 2 y sumar los resultados:

$$123 \cdot 5 = 123 \cdot \frac{10}{2} = (100 + 20 + 3) \cdot \frac{10}{2}$$
$$= (1 \cdot 10^2 + 2 \cdot 10^1 + 3 \cdot 10^0) \cdot \frac{10}{2}$$
$$= \left(\frac{1}{2} \cdot 10^3 + \frac{2}{2} \cdot 10^2 + \frac{3}{2} \cdot 10^1\right)$$

Si el dígito que se divide entre 2 es impar es necesario agregarle 0,5 (la parte fraccionaria que se genera), lo que equivale a sumar 5 al término inmediato de menor ponderación. En este caso 1 y 3 son impares, con lo que sus fracciones correspondientes se sustituyen por el cociente al dividir por 2 y la parte fraccionaria (5) pasa al término adyacente de menor ponderación por lo que la expresión anterior deviene en:

$$\mathbf{123 \cdot 5} = 0 \cdot 10^3 + (1+5) \cdot 10^2 + 1 \cdot 10^1 + (0+5) \cdot 10^0$$
$$= \mathbf{6} \cdot 10^2 + \mathbf{1} \cdot 10^1 + \mathbf{5} \cdot 10^0 = \mathbf{615}$$

esto es, se cumple la siguiente regla:

Cada cifra del resultado se puede obtener a partir del número original (al que añadimos una cifra más a su izquierda de valor nulo) sin más que **sumar 5** *(sólo si éste es impar) al* **COCIENTE ENTERO TRUNCADO** *(sin redondear)* **que resulta de dividir por 2 aquél que lo precede** *(el cual es el de su derecha ó 0 en caso de no existir).*

El **acarreo inmediatamente anterior** *nunca se produce pues el número máximo generado por este* *algoritmo para cualquier cifra del resultado es 9, esto es, 5 más 4 (el cociente entero de dividir 9 entre 2).*

Comparemos el resultado de la operación y su posible relación con cada dígito del multiplicando:

El **5** de las unidades es **0** más **5** (el dígito de las unidades del multiplicando es 3 —impar); el **1** de las decenas es el **cociente entero** (truncado) que resulta **al dividir 3 por 2** (no hay que sumar 5, pues el dígito de las decenas del multiplicando es par); y el **6** de las centenas procede de **1** —la mitad de 2 (el dígito de la posición anterior)— más **5** —el dígito de las centenas del multiplicando es 1 (impar)—.

Un ejemplo es 983 (considérese 0983 para facilitar la explicación) por 5 cuyo resultado es **4915**:

El 3 es impar, por lo que hay que sumar **5** a **0** (el cociente entero que resulta de dividir 0 por 2) lo que resulta en un valor de **5** para las **unidades** del resultado; 8 es par, así pues el número que determina las **decenas es 1** (el cociente entero al dividir 3 entre 2); el 9 del multiplicando es impar, lo cual hace que las **centenas** del resultado sean **9** (el cociente entero al dividir 8 entre 2, más 5); finalmente, el 0 (que fue añadido para facilitar el algoritmo) se considera par, por lo que el dígito de los **millares es 4** (el cociente entero resultante de dividir el 9 del multiplicando entre 2).

Multiplicar por 9

Tener como multiplicador al número 9 puede parecer tarea complicada, pero en verdad no lo es tanto; Trachtenberg ideó un algoritmo que sólo precisa sumar y restar cuyos detalles se indican a continuación. Como multiplicando utilizaremos el socorrido 123. Como ya es habitual, en primer lugar indicamos la forma tradicional de operar:

0	1	2	3
		×	9
1	1	0	7

El número **123**, es **100** (1 por 100) más **20** (2 por 10) más **3**; **multiplicarlo por 9 es** multiplicar 100 por 9, 20 por 9 y 3 por 9; pero como 10 menos 1 es 9, podemos afirmar que:

$$\begin{aligned}\mathbf{123 \cdot 9} &= (100 + 20 + 3) \cdot (10 - 1) \\ &= (100 + 20 + 3) \cdot 10 - (100 + 20 + 3) \cdot 1 \\ &= 1000 + 200 + 30 - 100 - 20 - 3 \\ &= 1000 - 100 + 200 - 20 + 30 - 3\end{aligned}$$

Restando y sumando 900, 90 y 9 (y agrupando):

$$\begin{aligned}\mathbf{123 \cdot 9} &= 1000 - \mathbf{900} + \mathbf{900} - 100 + 200 - \mathbf{90} + \mathbf{90} - 20 \\ &\quad + 30 - \mathbf{9} + \mathbf{9} - 3 \\ &= 1000 + \mathbf{900} - 100 + 200 + \mathbf{90} - 20 + 30 \\ &\quad + \mathbf{9} - 3 - \mathbf{900} - \mathbf{90} - \mathbf{9} \\ &= 10^3 + (\mathbf{9} - 1 + 2) \cdot 10^2 + (\mathbf{9} - 2 + 3) \cdot 10^1 \\ &\quad + (\mathbf{9} - 3) \cdot 10^0 - (\mathbf{900 + 90 + 9})\end{aligned}$$

Pero como 999 (900 más 90 más 9) se puede poner como 1000 (10 al cubo) menos 1:

$$\begin{aligned}\mathbf{123 \cdot 9} &= 10^3 + (9 - 1 + 2) \cdot 10^2 + (9 - 2 + 3) \cdot 10^1 \\ &\quad + (9 - 3) \cdot 10^0 - (\mathbf{10^3 - 1}) \\ &= (\mathbf{1 - 1}) \cdot 10^3 + (9 - 1 + 2) \cdot 10^2 \\ &\quad + (9 - 2 + 3) \cdot 10^1 + (9 - 3 + \mathbf{1}) \cdot 10^0 \\ &= (\mathbf{1} - 1) \cdot 10^3 + (9 - \mathbf{1} + 2) \cdot 10^2 \\ &\quad + (9 - \mathbf{2} + \mathbf{3}) \cdot 10^1 + (10 - \mathbf{3}) \cdot 10^0\end{aligned}$$

esto es, al multiplicar por 9, *cada cifra del resultado se* puede obtener a partir del número original mediante sumas y restas de forma que:

- La cifra de más a la derecha del resultado se obtiene restando de 10 (**el complemento a 10**) las unidades del multiplicando.

- Las cifras restantes del resultado (excepto la última) se calculan de derecha a izquierda sumando al **complemento a 9 del dígito de misma posición** del multiplicando, **aquél que lo precede** (esto es, es el de su derecha) y el **acarreo** (si procede hacerlo).

- La cifra de más a la izquierda del resultado se calcula **restando 1** al dígito **del extremo izquierdo** del multiplicando y **añadiendo el acarreo** (si procede).

En nuestro ejemplo:

$$\begin{aligned}\mathbf{123} \cdot \mathbf{9} &= (1-\mathbf{1}) \cdot 10^3 + (9-\mathbf{1}+\mathbf{2}) \cdot 10^2 + (9-\mathbf{2}+\mathbf{3}) \\ &\quad \cdot 10^1 + (10-\mathbf{3}) \cdot 10^0 \\ &= (0+1) \cdot 10^3 + (0+\mathbf{1}) \cdot 10^2 + (0+\mathbf{0}) \cdot 10^1 \\ &\quad + 7 \cdot 10^0 = \mathbf{1} \cdot 10^3 + \mathbf{1} \cdot 10^2 + \mathbf{0} \cdot 10^1 + \mathbf{7} \cdot 10^0 \\ &= \mathbf{1107}\end{aligned}$$

donde los acarreos se han ido trasladando al dígito de la

potencia superior inmediata; veámoslo narrado:

El **7 de las unidades** es **10** menos **3**; El **0 de las decenas** procede de **10** (**0** y 1 *de acarreo*), esto es, **3** (el dígito inmediatamente anterior) más el *complemento a* 9 de 2 (**9** menos **2**); el **1 de las centenas** es 11 (**1** en las decenas y 1 *de acarreo*), a saber, **2** (el inmediatamente anterior) más el *complemento a* 9 de 1 (**9** menos **1**) más 1 *de acarreo*; y el **1 de los millares** procede de **restar 1** a 1 (del multiplicando) y sumar el acarreo (1 menos 1 más 1 es 1).

Un ejemplo más es 971 (considérese 0971 para facilitar el algoritmo) por 9 cuyo resultado es **8739**:

El **9 de las unidades** es **10** menos **1**; El **3 de las decenas** procede de **2** —el *complemento a* 9 de 7 (restar 7 a 9)— más **1** (el dígito inmediatamente anterior); el **7 de las centenas**, de **0** (el *complemento a* 9 de 9, esto es, 9 menos 9) más **7** (el dígito inmediatamente anterior); y el **8 de los millares** es simplemente **9** (el que precede inmediatamente al multiplicando) **menos 1**, ya que no hay acarreo.

Un ejemplo de dos cifras es 34 (considérese 034 para facilitar el algoritmo) por 9 cuyo resultado es **306**:

El **6 de las unidades** es **10** menos **4**; el **0 de las decenas** procede **10** (0 y 1 *de acarreo*) a saber, **6** —el *complemento a* 9 de 3 (9 menos 3)— más **4** (el dígito inmediatamente anterior); y el **3 de las centenas** de restar 1 al 3 del multiplicando y añadir el acarreo.

Multiplicar por 8

Tener 8 como multiplicador es similar a multiplicar por 9; el algoritmo es casi el mismo, únicamente se requiere doblar algunos números además de sumar y restar; los detalles se exploran a continuación. Como multiplicando utilizaremos, como siempre, 123. La forma tradicional de operar tiene este aspecto:

0	1	2	3
		×	8
0	9	8	4

El número **123**, es **100** (1 por 100) más **20** (2 por 10) más 3; **multiplicarlo por 8 es** multiplicar 100 por 8, 20 por 8 y 3 por 8; pero como 10 menos 2 es 8, podemos afirmar que:

$$\begin{aligned}
\mathbf{123 \cdot 8} &= (100 + 20 + 3) \cdot (10 - 2) \\
&= (100 + 20 + 3) \cdot 10 - (100 + 20 + 3) \cdot 2 \\
&= 1000 + 200 + 30 - 2 \cdot 100 - 2 \cdot 20 - 2 \cdot 3 \\
&= 1000 - 2 \cdot 100 + 200 - 2 \cdot 20 + 30 - 2 \cdot 3
\end{aligned}$$

Restando y sumando 1800, 180 y 18 —el *doble* de 900, 90 y 9, respectivamente— y agrupando:

$$\begin{aligned}
\mathbf{123 \cdot 8} &= 1000 - \mathbf{1800} + \mathbf{1800} - 2 \cdot 100 + 200 - \mathbf{180} \\
&\quad + \mathbf{180} - 2 \cdot 20 + 30 - \mathbf{18} + \mathbf{18} - 2 \cdot 3 \\
&= 10^3 + \mathbf{18} \cdot 10^2 - 2 \cdot 10^2 + 2 \cdot 10^2 + \mathbf{18} \cdot 10^1 \\
&\quad - 2 \cdot 2 \cdot 10^1 + 3 \cdot 10^1 + \mathbf{18} \cdot 10^0 - 2 \cdot 3 \cdot 10^0 \\
&\quad - 1800 - 180 - 18 \\
&= 10^3 + (18 - 2 \cdot \mathbf{1} + \mathbf{2}) \cdot 10^2 \\
&\quad + (18 - 2 \cdot \mathbf{2} + \mathbf{3}) \cdot 10^1 + (18 - 2 \cdot \mathbf{3}) \cdot 10^0 \\
&\quad - (1800 + 180 + 18) \\
&= 10^3 + (2 \cdot (9 - \mathbf{1}) + \mathbf{2}) \cdot 10^2 \\
&\quad + (2 \cdot (9 - \mathbf{2}) + \mathbf{3}) \cdot 10^1 + 2 \cdot (9 - \mathbf{3}) \cdot 10^0 \\
&\quad - (1800 + 180 + 18)
\end{aligned}$$

Números con truco

Pero como 1998 (1800 más 180 más 18) se puede poner como 2000 menos 2 (el *doble* de $10^3 - 1$):

$$\mathbf{123 \cdot 8} = 10^3 + (2 \cdot (9-1) + 2) \cdot 10^2 + (2 \cdot (9-2) + 3)$$
$$\cdot 10^1 + 2 \cdot (9-3) \cdot 1 - \underline{2} \cdot \left(10^3 - \underline{1}\right) \cdot 1$$
$$= (\mathbf{1} - \underline{2}) \cdot 10^3 + (2 \cdot (9-1) + 2) \cdot 10^2$$
$$+ (2 \cdot (9-2) + 3) \cdot 10^1 + 2 \cdot \left(9 + \underline{1} - 3\right) \cdot 1$$
$$= (1 - 2) \cdot 10^3 + (2 \cdot (9-1) + 2) \cdot 10^2$$
$$+ (2 \cdot (9-2) + 3) \cdot 10^1 + 2 \cdot (10-3) \cdot 10^0$$

Esto es, al multiplicar por 8, *cada cifra del resultado se puede obtener a partir del número original mediante sumas, restas y duplicación de forma que:*

- *La cifra de más a la derecha del resultado se obtiene calculando el **doble del complemento a 10** (resta de 10) de las unidades del multiplicando.*

- *Las cifras restantes del resultado (excepto la última) se calculan de derecha a izquierda **SUMANDO** al **doble del complemento a 9** del dígito correspondiente del multiplicando (el de misma ponderación), **el que lo precede** (el de su derecha) y el **acarreo**.*

- *La cifra de más a la izquierda del resultado se calcula **restando** 2 al dígito **del extremo izquierdo** del multiplicando y **añadiendo el acarreo**.*

En nuestro ejemplo:

$$123 \cdot 8 = (1-2) \cdot 10^3 + (2 \cdot (9-1) + 2) \cdot 10^2$$
$$+ (2 \cdot (9-2) + 3) \cdot 10^1 + 2 \cdot (10-3) \cdot 10^0$$
$$= (1-1) \cdot 10^3 + (1+8) \cdot 10^2 + (1+7) \cdot 10^1$$
$$+ 4 \cdot 10^0 = \mathbf{0} \cdot 10^3 + \mathbf{9} \cdot 10^2 + \mathbf{8} \cdot 10^1 + \mathbf{4} \cdot 10^0$$
$$= \mathbf{0984}$$

donde los acarreos se han ido trasladando al dígito de la potencia superior inmediata; expliquémoslo en palabras:

El **4 de las unidades** procede del *doble de* **7** (**10** menos **3**), esto es, **14** (**4** unidades y **1** *de acarreo*); el **8 de las decenas** es **18** (**8** decenas y **1** *de acarreo*) y se halla sumando a **3** (el dígito inmediatamente anterior) el *doble del complemento a* 9 *de* 2 (**7** por **2**) y **1** *de acarreo*; el **9 de las centenas** es **19** (**9** unidades y **1** *de acarreo*) y se calcula sumando **2** (el dígito inmediatamente anterior del multiplicando) al *doble del complemento a* 9 *de* 1 (**8** por **2**) más **1** *de acarreo*; y el **0 de los millares** procede de restar **2** a **1** (el dígito inmediatamente anterior del multiplicando) y sumar **1** *de acarre*o.

Otro ejemplo es 891 (considérese 0891 para facilitar el algoritmo) por 8 cuyo resultado es **7128**:

El **8 de las unidades** es el *doble de* **9** (**10** menos **1**), esto es, **18** (**8** unidades y **1** *de acarreo*); el **2 de las decenas** procede del *doble de* **0** (el *complemento a* 9 de 9) más **1** (el dígito inmediato anterior) más **1** *de acarreo*; el **1 de las centenas** se calcula sumando a **9** (el dígito inmediato anterior) el *doble de* **1** (el *complemento a* 9 de 8), a saber, **11** (**1** unidad y **1** *de acarreo*); por último, el **7 de los millares** se obtiene al **restar 2** a **8** (el dígito del extremo izquierdo del multiplicando) y sumar el acarreo inmediato anterior (**6** más **1** *de acarreo* son **7**).

Multiplicar por 4

Multiplicar por 4 va a requerir de parte de los trucos utilizados anteriormente si bien se va a reducir al sencillo cálculo de la mitad aproximada de un número y algunas sumas y restas; en breve vamos a explorar los detalles. El multiplicando víctima sigue siendo el 123 y el aspecto de la operación tradicional es el siguiente:

0	1	2	3
		×	4
0	4	9	2

El número **123**, es **100** (1 por 100) más **20** (2 por 10) más **3**; **multiplicarlo por 4 es** multiplicar 100 por 4, 20 por 4 y 3 por 4; pero como 5 menos 1 es 4 y la mitad de 10 es exactamente 5, podemos afirmar que:

$$\mathbf{123} \cdot \mathbf{4} = (100 + 20 + 3) \cdot \left(\frac{10}{2} - 1\right)$$

$$= (100 + 20 + 3) \cdot \frac{10}{2} - (100 + 20 + 3) \cdot 1$$

$$= (1000 + 200 + 30) \cdot \frac{1}{2} - 100 - 20 - 3$$

$$= 1000 \cdot \frac{1}{2} - 100 + 200 \cdot \frac{1}{2} - 20 + 30 \cdot \frac{1}{2} - 3$$

Restando y sumando 900, 90 y 9 (y agrupando):

$$123 \cdot 4 = 1000 \cdot \frac{1}{2} - \mathbf{900} + \mathbf{900} - 100 + 200 \cdot \frac{1}{2} - \mathbf{90} + \mathbf{90}$$

$$- 20 + 30 \cdot \frac{1}{2} - \mathbf{9} + \mathbf{9} - 3$$

$$= 1000 \cdot \frac{1}{2} + \mathbf{900} - 100 + 200 \cdot \frac{1}{2} + \mathbf{90} - 20$$

$$+ 30 \cdot \frac{1}{2} + \mathbf{9} - 3 - \mathbf{900} - \mathbf{90} - \mathbf{9}$$

$$= \frac{1}{2} \cdot 10^3 + \left(\mathbf{9} - 1 + 2 \cdot \frac{1}{2}\right) \cdot 10^2$$

$$+ \left(\mathbf{9} - 2 + 3 \cdot \frac{1}{2}\right) \cdot 10^1 + (\mathbf{9} - 3) \cdot 10^0$$

$$- (\mathbf{900} + \mathbf{90} + \mathbf{9})$$

Pero como 999 (900 más 90 más 9) se puede poner como 1000 (10 al cubo) menos 1:

$$123 \cdot 4 = \frac{1}{2} \cdot 10^3 + \left(9 - 1 + \frac{2}{2}\right) \cdot 10^2 + \left(9 - 2 + \frac{3}{2}\right) \cdot 10^1$$

$$+ (9 - 3) \cdot 10^0 - (\mathbf{10^3 - 1})$$

$$= \left(\frac{1}{2} - \mathbf{1}\right) \cdot 10^3 + \left(9 - 1 + \frac{2}{2}\right) \cdot 10^2$$

$$+ \left(9 - 2 + \frac{3}{2}\right) \cdot 10^1 + (9 - 3 + \mathbf{1}) \cdot 10^0$$

$$= \left(\frac{\mathbf{1}}{2} - 1\right) \cdot 10^3 + \left(9 - \mathbf{1} + \frac{2}{2}\right) \cdot 10^2$$

$$+ \left(9 - \mathbf{2} + \frac{3}{2}\right) \cdot 10^1 + (10 - \mathbf{3}) \cdot 10^0$$

Si el dígito que se divide entre 2 es impar es necesario agregarle 0,5 (la parte fraccionaria que se genera), lo que equivale a sumar 5 al término inmediato de menor ponderación. En este caso 1 y 3 son impares, con lo que sus fracciones correspondientes se sustituyen por el cociente al dividir por 2 y la parte fraccionaria (5) pasa al término adyacente de menor ponderación por lo que la expresión anterior deviene en:

$$123 \cdot 4 = \left(\frac{1}{2} - 1\right) \cdot 10^3 + \left((9-1) + \frac{2}{2}\right) \cdot 10^2$$

$$+ \left((9-2) + \frac{3}{2}\right) \cdot 10^1 + (10 - 3)$$

$$= (0 - 1) \cdot 10^3 + \left((9-1) + 1 + 5\right) \cdot 10^2$$

$$+ \left((9-2) + 1\right) \cdot 10^1 + \left((10-3) + 5\right) \cdot 10^0$$

$$= (-1 + 1) \cdot 10^3 + 4 \cdot 10^2 + (8+1) \cdot 10^1 + 2$$

$$= 0 \cdot 10^3 + 4 \cdot 10^2 + 9 \cdot 10^1 + 2 \cdot 10^0 = 0492$$

donde los acarreos se han ido trasladando de derecha a izquierda al dígito de la potencia superior inmediata; esto es, al multiplicar por 4, *cada cifra del resultado puede deducirse del número original como sigue:*

- *La cifra de más a la derecha del resultado se obtiene calculando el **complemento a 10** (resta de 10) **de las unidades del multiplicando** y sumando 5 (solamente si dichas **unidades son** un número **impar**).*
- *Las cifras restantes del resultado (excepto la última) se calculan de derecha a izquierda **sumando** al **complemento a 9 del dígito correspondiente del multiplicando** (el de misma ponderación), la **MITAD TRUNCADA del que lo precede** (el de su derecha), 5 (sólo cuando el dígito del multiplicando sea impar) y el **acarreo** (si procede hacerlo).*
- *La cifra de más a la izquierda del resultado se calcula **RESTANDO** 1 a la **MITAD TRUNCADA del dígito del extremo izquierdo** del multiplicando y **añadiendo el acarreo** (en caso necesario).*

Expliquemos en palabras con ayuda del ejemplo **123 · 4** la relación existente entre cada dígito del resultado de la operación (**0492**) y cada dígito del multiplicando:

El **2 de las unidades** procede de **12** (**2** unidades y **1** *de acarreo*) y es la suma de **5** (el 3 del multiplicando es impar) y el *complemento a* 10 de 3 (**10** menos **3**); el **9 de las decenas** se calcula sumando **7** (*complemento a* 9 de 2) más **0** (puesto que el 2 del multiplicando es par, no se añade 5) más **1** (el cociente truncado de dividir 3 entre 2) más **1** *de acarreo*); el **4 de las centenas** es la suma de **5** (el 1 del multiplicando es impar) más **1** (el cociente truncado de dividir el dígito 2 del multiplicando entre 2) más **8** (*complemento a* 9 de 1), lo que resulta en **14** (**4** unidades y **1** *de acarreo*); por último, el **0 de los millares** es **0** (la mitad truncada de 1) más **1** *de acarreo* menos **1**.

Otro ejemplo es **891 · 4** cuyo resultado es **3564**:

El **4 de las unidades** procede de **14** (**4** unidades y **1** *de acarreo*) —**añadir 5** (pues el 1 del multiplicando es impar) al *complemento a* 10 de 1 (**10** menos **1**)—; el **6 de las decenas** es: **0** (*complemento a* 9 de 9) más **5** (ya que el 9 del multiplicando es impar, se añade 5) más **0** (cociente truncado de dividir 1 por 2) más **1** *de acarreo*;

el **5 de las centenas** es: **0** (el **8** del multiplicando es par) más **1** (**9** menos **8**) más **4** (el cociente truncado de dividir **9** entre **2**); por último, el **3 de los millares** es **4** (la mitad truncada de 8) menos **1**.

Multiplicar por 3

Tener como multiplicador 3 es similar a multiplicar por 4; el algoritmo es casi idéntico, solamente requiere doblar adicionalmente algún número antes de sumarlo. Como multiplicando utilizaremos, como siempre, 123. La forma tradicional de operar tiene este aspecto:

0	1	2	3
		×	3
0	3	6	9

El número **123**, es **100** (1 por 100) más **20** (2 por 10) más **3**; **multiplicarlo por 3 es** multiplicar 100 por 3, 20 por 3 y 3 por 3; pero como 5 menos 2 es 3 y la mitad de 10 es exactamente 5, podemos afirmar que:

$$123 \cdot 3 = (100 + 20 + 3) \cdot \left(\frac{10}{2} - 2\right)$$

$$= (100 + 20 + 3) \cdot \frac{10}{2} - (100 + 20 + 3) \cdot 2$$

$$= (1000 + 200 + 30) \cdot \frac{1}{2} - 200 - 40 - 6$$

$$= 1000 \cdot \frac{1}{2} - 200 + 200 \cdot \frac{1}{2} - 40 + 30 \cdot \frac{1}{2} - 6$$

Restando y sumando 1800, 180 y 18 (el doble de 900, 90 y 9, respectivamente) y agrupando:

$$123 \cdot 3 = 1000 \cdot \frac{1}{2} - 1800 + 1800 - 200 + 200 \cdot \frac{1}{2} - 180$$

$$+ 180 - 40 + 30 \cdot \frac{1}{2} - 18 + 18 - 6$$

$$= 1000 \cdot \frac{1}{2} + 1800 - 200 + 200 \cdot \frac{1}{2} + 180$$

$$- 40 + 30 \cdot \frac{1}{2} + 18 - 6 - 1800 - 180 - 18$$

$$= \frac{1}{2} \cdot 10^3 + \left(18 - 2 + 2 \cdot \frac{1}{2}\right) \cdot 10^2$$

$$+ \left(18 - 4 + 3 \cdot \frac{1}{2}\right) \cdot 10^1 + (18 - 6) \cdot 10^0$$

$$- (1800 + 180 + 18)$$

Como 1998 (el doble de 900 más 90 más 9) equivale a 2000 (el doble de 10 al cubo) menos 2:

$$123 \cdot 3 = \frac{1}{2} \cdot 10^3 + \left(18 - 2 + \frac{2}{2}\right) \cdot 10^2 + \left(18 - 4 + \frac{3}{2}\right) \cdot 10^1$$

$$+ (18 - 6) \cdot 10^0 - (2 \cdot 10^3 - 2) \cdot 10^0$$

$$= \left(\frac{1}{2} - 2\right) \cdot 10^3 + \left(18 - 2 + \frac{2}{2}\right) \cdot 10^2$$

$$+ \left(18 - 4 + \frac{3}{2}\right) \cdot 10^1 + (18 - 6 + 2) \cdot 10^0$$

$$= \left(\frac{1}{2} - 2\right) \cdot 10^3 + \left(2 \cdot 9 - 2 + \frac{2}{2}\right) \cdot 10^2$$

$$+ \left(2 \cdot 9 - 4 + \frac{3}{2}\right) \cdot 10^1 + (2 \cdot 9 - 4) \cdot 10^0$$

$$= \left(\frac{1}{2} - 2\right) \cdot 10^3 + \left(2 \cdot (9 - 1) + \frac{2}{2}\right) \cdot 10^2$$

$$+ \left(2 \cdot (9 - 2) + \frac{3}{2}\right) \cdot 10^1 + 2 \cdot (10 - 3) \cdot 10^0$$

Si el dígito que se divide entre 2 es impar es necesario agregarle 0,5 (la parte fraccionaria que se genera), lo que equivale a sumar 5 al término inmediato de menor ponderación. En este caso 1 y 3 son impares, con lo que sus fracciones correspondientes se sustituyen por el cociente al dividir por 2 y la parte fraccionaria (5) pasa al término adyacente de menor ponderación por lo que la expresión anterior resulta en:

$$123 \cdot 3 = \left(\frac{1}{2} - 2\right) \cdot 10^3 + \left(2 \cdot (9-1) + \frac{2}{2}\right) \cdot 10^2$$

$$+ \left(2 \cdot (9-2) + \frac{3}{2}\right) \cdot 10^1 + 2 \cdot (10-3) \cdot 10^0$$

$$= (\mathbf{0} - 2) \cdot 10^3 + (2 \cdot (9-1) + 1 + \mathbf{5}) \cdot 10^2$$

$$+ (2 \cdot (9-2) + \mathbf{1}) \cdot 10^1 + (2 \cdot (10-3) + \mathbf{5})$$

$$= (-2 + \mathbf{2}) \cdot 10^3 + (2 + 1) \cdot 10^2 + (5 + 1) \cdot 10$$

$$+ 9 = \mathbf{0369}$$

donde los acarreos se han ido trasladando al dígito de la potencia superior inmediata; esto es, se cumple que al multiplicar por 3, *cada cifra del resultado se puede obtener a partir del número original como sigue:*

- *La cifra de más a la derecha del resultado se obtiene calculando el* **DOBLE del complemento a 10** *(resta de 10 y duplicar)* **de las unidades del multiplicando** *y sumando 5 (sólo si dichas* **unidades resultan ser** *un número* **impar***).*

- *Las cifras restantes del resultado (excepto la última)*

Números con truco

*se calculan de derecha a izquierda **sumando** al **DOBLE del** complemento a 9 **del dígito de misma posición** del multiplicando, la **MITAD TRUNCADA de aquél que lo precede** (el de su derecha) más **5** (sólo cuando el dígito del multiplicando sea impar) más el **acarreo** (si procede hacerlo).*

- *La cifra de más a la izquierda del resultado se calcula **RESTANDO** 2 a la **MITAD TRUNCADA del dígito del extremo izquierdo** del multiplicando y **añadiendo el acarreo** (en caso necesario).*

El ejemplo **123 · 3** ayuda a ver la relación entre cada dígito del resultado de la operación (**0369**) y cada dígito del multiplicando:

El **9 de las unidades** procede de **19** (9 unidades y 1 *de acarreo*) valor obtenido al sumar **5** (ya que el 3 del multiplicando es impar) al **doble del** *complemento a* **10** de 3 (10 menos 3 son 7, por 2 son **14**); la suma: **14** (el **doble del** *complemento a* **9** de 2) más **0** (pues el 2 del multiplicando es par) más **1** (el cociente truncado de dividir 3 por 2) más **1** *de acarreo*, totaliza **16** (**6** unidades y 1 *de acarreo*) determinando el **6 de las decenas**; la suma: **16** (el **doble del *complemento a* 9** de 1) más **5** (el 1 del multiplicando es impar) más **1** (el cociente truncado de dividir 2 por 2) más **1** *de acarreo*, totaliza **23** (3 unidades y 2 *de acarreo*) definiendo el **3 de las centenas**; por último, el **0 de los millares** es **0** (la mitad truncada de 1) **más 2** (del acarreo anterior) **menos 2**.

Otro **ejemplo** es 891 · 3 cuyo resultado es **2673**:

El **3 de las unidades** procede de **23** (3 unidades y 2 *de acarreo*) valor obtenido al sumar **5** (ya que el 1 del multiplicando es impar) al **doble del *complemento a* 10** de 1 (10 menos 1 son 9, por 2 son **18**); sumando **0** (el doble del *complemento a* 9 de 9) más **5** (como el 9 del multiplicando es impar, se añade 5) más **0** (el cociente truncado de dividir 1 por 2) más **2** *de acarreo* se obtiene el **7 de las decenas**; sumando **0** (el 8 del multiplicando es par) más **2** (9 menos 8, por 2) más **4** (el cociente al dividir 9 entre 2) determinamos el **6 de las centenas**; y por último, el **2 de los millares** es **4** (la mitad truncada de 8) **menos 2**.

Multiplicar por 2

Tener como multiplicador el 2 es muy sencillo; basta duplicar cada cifra del multiplicando; no se precisa el dígito anterior, sólo sumar el acarreo generado.

El multiplicando que vamos a usar es 689. La forma tradicional de operar tiene este aspecto:

0	6	8	9
		×	2
1	**3**	**7**	**8**

El número **689** es **600** (6 por 100 ó $6 \cdot 10^2$) más **80** (8 por 10 ó $8 \cdot 10^1$) más **9** (9 por 1 ó $9 \cdot 10^0$); **multiplicarlo por 2 es** multiplicar **600 por 2**, **80 por 2** y **9 por 2**:

$$689 \cdot 2 = (600 + 80 + 9) \cdot 2$$
$$= (\mathbf{6} \cdot 10^2 + \mathbf{8} \cdot 10^1 + \mathbf{9} \cdot 10^0) \cdot 2$$
$$= (2 \cdot \mathbf{6} \cdot 10^2 + 2 \cdot \mathbf{8} \cdot 10^1 + 2 \cdot \mathbf{9} \cdot 10^0)$$

cuando se produce acarreo éste debe transmitirse al dígito inmediato de ponderación superior:

$$689 \cdot 2 = (0 \cdot 10^3 + 2 \cdot 6 \cdot 10^2 + 2 \cdot 8 \cdot 10^1 + 2 \cdot 9 \cdot 10^0)$$
$$= (0+1) \cdot 10^3 + (2+1) \cdot 10^2 + (6+1) \cdot 10^1$$
$$+ 8 \cdot 10^0 = \mathbf{1} \cdot 10^3 + \mathbf{3} \cdot 10^2 + \mathbf{7} \cdot 10^1 + \mathbf{8} \cdot 10^0$$
$$= \mathbf{1378}$$

de donde se puede inferir la siguiente regla:

Al multiplicar por 2, *cada cifra del resultado se puede obtener a partir del número original (añadimos un 0 a la izquierda para poder generalizar) sin más que calcular el* **doble del dígito de misma posición** *del multiplicando y sumar el acarreo inmediato anterior (si existe)*.

A continuación, todas las operaciones de **0689 · 2** cuyo resultado es **1378** explicadas en detalle:

El **8 de las unidades** procede de duplicar 9, esto es, **18** (**8** unidades y 1 *de acarreo*); el **7 de las decenas** es la suma de **16** (el doble de 8) y **1** *de acarreo*, cuyo resultado es **17** (**7** unidades y 1 *de acarreo*); finalmente, **12** (el doble de 6) más **1** *de acarreo* son **13** (esto es, **3** unidades que constituyen **las centenas del resultado** y 1 *de acarreo* que pasa a ser el **1** de los millares al ser sumado al doble de 0).

Números con truco

Multiplicar por 1

Multiplicar por 1 consiste en repetir el multiplicando y ofrecerlo como resultado.

Multiplicar por 0

Multiplicar por 0 es aún más simple: siempre es 0.

Resumen de reglas

Hemos visto que al usar como multiplicador cada uno de los números hay varias *artimañas* básicas que podemos usar combinadas para deducir cada dígito del resultado a partir de aquél de misma posición del multiplicando, el acarreo y el inmediatamente anterior (el vecino de su derecha), a saber:

- Sumar el dígito inmediatamente anterior.
- Multiplicar por 2 un dígito.
- Sumar la mitad (truncada) de un número.
- Añadir 5 si el dígito considerado es impar.
- Sumar el acarreo inmediatamente anterior.
- Restar el dígito considerado de 9 ó de 10.

Multiplicar por 12: sumar al DOBLE del dígito actual el de su derecha y el acarreo. $P.ej.\, 0127 \cdot 12 = \mathbf{1524}$:

$$
\begin{aligned}
2 \cdot 7 + 0 &= 4\,(acarreo\;1) & 4 \\
2 \cdot 2 + 7 + (1) &= 2\,(acarreo\;1) & 24 \\
2 \cdot 1 + 2 + (1) &= 5\,(acarreo\;0) & 524 \\
2 \cdot 0 + 1 + (0) &= 1\,(acarreo\;0) & \mathbf{1524}
\end{aligned}
$$

Multiplicar por 11: sumar al dígito actual el de su derecha y el acarreo. $P.ej.\, 0157 \cdot 11 = \mathbf{1727}$:

$$
\begin{aligned}
7 + 0 &= 7\,(acarreo\;0) & 7 \\
5 + 7 + (0) &= 2\,(acarreo\;1) & 27 \\
1 + 5 + (1) &= 7\,(acarreo\;0) & 727 \\
0 + 1 + (0) &= 1\,(acarreo\;0) & \mathbf{1727}
\end{aligned}
$$

Multiplicar por 10: no precisa cálculos; el resultado de la operación es el multiplicando con un cero más a su derecha.

Multiplicar por 9: el **dígito menos significativo** se calcula restando de 10 las unidades del multiplicando; los **dígitos intermedios**, restando de 9 el dígito actual del multiplicando y añadiendo el de su derecha y el acarreo; y el **dígito más significativo** se halla restando 1 al dígito más significativo del multiplicando y sumando el acarreo. $P.ej.\, 142 \cdot 9 = \mathbf{1278}$:

$$
\begin{aligned}
(10 - 2) &= 8\,(acarreo\;0) & 8 \\
(9 - 4) + 2 + (0) &= 7\,(acarreo\;0) & 78 \\
(9 - 1) + 4 + (0) &= 2\,(acarreo\;1) & 278 \\
(1 - 1) + (1) &= 1\,(acarreo\;0) & \mathbf{1278}
\end{aligned}
$$

Números con truco

Multiplicar por 8: para el **dígito menos significativo** se restan de 10 las unidades del multiplicando, y el resultado se multiplica por 2; para los **dígitos intermedios**, se resta de 9 el dígito actual del multiplicando (y se multiplica por 2), se suma el dígito de su derecha y el acarreo; y para el **dígito más significativo** se añade al dígito más significativo menos 2 del multiplicando el acarreo. $P.\,ej.\,5238 \cdot 8 = \mathbf{41904}$:

$$(10 - \mathbf{8}) \cdot 2 \quad = 4\,(acarreo\,0) \qquad 4$$
$$(9 - \mathbf{3}) \cdot 2 + \mathbf{8} + (0) = 0\,(acarreo\,2) \qquad 04$$
$$(9 - \mathbf{2}) \cdot 2 + \mathbf{3} + (2) = 9\,(acarreo\,1) \qquad 904$$
$$(9 - \mathbf{5}) \cdot 2 + \mathbf{2} + (1) = 1\,(acarreo\,1) \qquad 1904$$
$$(\mathbf{5} - 2) + (1) \quad = 4\,(acarreo\,0) \quad \mathbf{41904}$$

Multiplicar por 7: sumar al DOBLE del dígito actual 5 (sólo si dicho dígito es impar), la mitad truncada del de su derecha y el acarreo. $P.\,ej.\,0\mathbf{4163} \cdot 7 = \mathbf{29141}$:

$$2 \cdot \mathbf{3} + 5 + \lceil 0/2 \rceil \quad = 1\,(acarreo\,1) \qquad 1$$
$$2 \cdot \mathbf{6} + 0 + \lceil 3/2 \rceil + (1) = 4\,(acarreo\,1) \qquad 41$$
$$2 \cdot \mathbf{1} + 5 + \lceil 6/2 \rceil + (1) = 1\,(acarreo\,1) \qquad 141$$
$$2 \cdot \mathbf{4} + 0 + \lceil 1/2 \rceil + (1) = 9\,(acarreo\,0) \qquad 9141$$
$$2 \cdot \mathbf{0} + 0 + \lceil 4/2 \rceil + (0) = 2\,(acarreo\,0) \quad \mathbf{29141}$$

Multiplicar por 6: sumar al dígito actual 5 (sólo si este es impar), la mitad del de su derecha (truncado) y el acarreo. $P.\,ej.\,0\mathbf{5273} \cdot 6 = \mathbf{31638}$:

$$3 + 5 + [0/2] = 8 \,(acarreo\,0) \qquad 8$$
$$7 + 5 + [3/2] + (0) = 3 \,(acarreo\,1) \qquad 38$$
$$2 + 0 + [7/2] + (1) = 6 \,(acarreo\,0) \qquad 638$$
$$5 + 5 + [2/2] + (0) = 1 \,(acarreo\,1) \qquad 1638$$
$$0 + 0 + [5/2] + (1) = 3 \,(acarreo\,0) \quad \mathbf{31638}$$

Multiplicar por 5: sumar 5 (sólo si el dígito actual es impar) a la mitad (truncada) del de su derecha. *P. ej.* $0367 \cdot 5 = \mathbf{1835}$:

$$5 + [0/2] = 5 \,(dígito\,actual\,7 - impar) \qquad 5$$
$$0 + [7/2] = 3 \,(dígito\,actual\,6 - par) \qquad 35$$
$$5 + [6/2] = 8 \,(dígito\,actual\,3 - impar) \qquad 835$$
$$0 + [3/2] = 1 \,(dígito\,actual\,0 - par) \qquad \mathbf{1835}$$

Multiplicar por 4: el **dígito menos significativo** se calcula restando de 10 las unidades del multiplicando y añadiendo 5 (sólo cuando son un número impar); los **dígitos intermedios**, restando de 9 el dígito actual del multiplicando y añadiendo 5 (solamente si éste es impar), la mitad (truncada) del de su derecha y el acarreo; el **dígito más significativo** se determina restando 1 a la mitad (truncada) del extremo izquierdo del multiplicando y añadiendo el acarreo. *P. ej.* $921 \cdot 4 = \mathbf{3684}$:

$$(10 - \mathbf{1}) + 5 = 4 \,(acarreo\,1) \qquad 4$$
$$(9 - \mathbf{2}) + 0 + [1/2] + (1) = 8 \,(acarreo\,0) \qquad 84$$
$$(9 - \mathbf{9}) + 5 + [2/2] + (0) = 6 \,(acarreo\,0) \qquad 684$$
$$[9/2] - 1 + (0) = 3 \,(acarreo\,0) \quad \mathbf{3684}$$

Multiplicar por 3: el **dígito menos significativo** se calcula duplicando la resta de 10 de las unidades del multiplicando y añadiendo 5 (si éstas son un número impar); los **dígitos intermedios**, duplicando la resta de 9 del dígito actual del multiplicando y añadiendo 5 (si éste es un número impar), la mitad (truncada) del de su derecha y el acarreo; el **dígito más significativo** se calcula restando 2 a la mitad (truncada) del dígito más significativo del multiplicando y añadiendo el acarreo (si procede). $P.ej.\, 721 \cdot 3 = \mathbf{2163}$:

$$(10 - \mathbf{1}) \cdot 2 + 5 = 3\,(acarreo\,2) \quad\quad 3$$
$$(9 - \mathbf{2}) \cdot 2 + 0 + [1/2] + (2) = 6\,(acarreo\,1) \quad\quad 63$$
$$(9 - \mathbf{7}) \cdot 2 + 5 + [2/2] + (1) = 1\,(acarreo\,1) \quad\quad 163$$
$$[7/2] - 2 + (1) = 2\,(acarreo\,0) \quad \mathbf{2163}$$

Multiplicar por 2: sumar dos veces el dígito actual y añadir el acarreo correspondiente. $P.ej.\, 0597 \cdot 2 = \mathbf{1194}$:

$$\mathbf{7} + 7 \quad\quad = 4\,(acarreo\,1) \quad\quad 4$$
$$\mathbf{9} + 9 + (1) = 9\,(acarreo\,1) \quad\quad 94$$
$$\mathbf{5} + 5 + (1) = 1\,(acarreo\,1) \quad\quad 194$$
$$\mathbf{0} + 0 + (1) = 1\,(acarreo\,0) \quad \mathbf{1194}$$

Multiplicar por 1: no precisa ningún cálculo; el resultado de la operación es idéntico al multiplicando.

Multiplicar por 0: la multiplicación de un número por 0 es siempre 0.

Capítulo 2
Multiplicación rápida

El objetivo de este capítulo es conseguir multiplicar números de varias cifras directamente, sin necesidad de escribir todo el proceso de la multiplicación tradicional.

Multiplicador de dos cifras

En primer lugar vamos a explorar las operaciones a efectuar en una multiplicación con *multiplicando y multiplicador de dos cifras*.

- Las **unidades** *del resultado* proceden del producto de las unidades de cada uno de los operandos.
- Las **decenas** *del resultado* son la suma de los productos de las unidades de cada uno de los

operandos por las decenas del otro (y el acarreo inmediatamente anterior).

- Las **centenas** *del resultado* proceden del producto de las decenas de los operandos más el acarreo inmediatamente anterior.

Tradicionalmente, esto se pone así:

0	0	4	3
	×	2	1
		$(1 \times 4) = 4$	$(1 \times 3) = 3$
	$(2 \times 4) = 8$	$(2 \times 3) = 6$	
$8 + 1(acarreo) = 9$	$(6 + 4 \; son \; 10) = 0$		3

Si ponemos en una línea el multiplicando seguido del multiplicador, y *numeramos de 1 a 4 y de derecha a izquierda las posiciones,* esto es, (43 21) el algoritmo que resuelve el producto se traduce en estos pasos:

- Para obtener las **unidades** *del resultado* hay que multiplicar las posiciones 1 y 3.
- Para hallar las **decenas** *del resultado* se suman al

acarreo inmediatamente anterior (si existe) los productos de los números ubicados en las posiciones extremas y medias (1 *por* 4 y 2 *por* 3).

- Las **centenas** y **millares** quedan determinados con la suma del acarreo al producto de los dígitos de posiciones 2 y 4.

Por ejemplo, al multiplicar 89 *por* 13 (cuyo resultado es **1157**) se siguen los pasos siguientes:

- El **7 de las unidades** procede de 9 *por* 3 que son **27** (**7** unidades y 2 *de acarreo*).
- Para el **5 de las decenas** se multiplican los dígitos de posiciones extremas y medias (8 *por* 3 son **24** y 1 *por* 9 es **9**); ambos resultados más **2** *de acarreo* hacen un total de **35** (**5** unidades y 3 *de acarreo*).
- El **11 de centenas y millares** se halla sumando al producto de 1 *por* 8 (que es **8**) los **3** *de acarreo*.

Ahora consideraremos el caso en el que el *multiplicando tiene más de dos cifras*. El procedimiento a seguir es análogo al anterior. El *dígito de más a la derecha* del resultado se calcula de forma idéntica; en los *dígitos centrales* hay que emplear el mismo algoritmo utilizando siempre 4 números, a saber, los dos del multiplicador y dos del multiplicando (el de misma posición que el dígito del resultado en proceso de cálculo y el inmediato anterior). Si añadimos *dos ceros* a la izquierda del multiplicando se puede usar el mismo método para obtener el *dígito de más a la izquierda* del resultado. Aclaremos todo esto un poco. Tradicionalmente la operación tiene un aspecto similar a este:

0	0	5	4	3
		×	2	1
		5	4	3
1	0	8	6	
1	**1**	**4**	**0**	**3**

Los *dos ceros* añadidos a la izquierda permiten recordar cuándo finalizar el proceso de multiplicación:

El **3 de las unidades** procede de multiplicar el 1 de las unidades del multiplicador por las unidades del multiplicando (1 *por* 3 es **3**); para el cálculo del **0 de las decenas** se procede seleccionando los cuatro dígitos que deben entrar en juego (43 21) y se efectúa la suma de los productos de los elementos extremos (1 *por* 4 es **4**) y medios (2 *por* 3 son **6**), esto es, **10** (**0** unidades y 1 *de acarreo*); para el **4 de las centenas** los cuatro dígitos a considerar son (54 21); el producto de los extremos es **5** (1 *por* 5) y el de los medios **8** (2 *por* 4) que sumados a **1** *de acarreo* hacen **14** (**4** unidades y 1 *de acarreo*); el **1 de los millares** se calcula a partir de los cuatro dígitos correspondientes (05 21); la suma de los productos extremos (1 *por* 0 es **0**) y medios (2 *por* 5 son **10**) más **1** *de acarreo* es **11** (**1** y 1 *de acarreo*); el 1 del extremo de más a la izquierda del resultado es trivial obtenerlo pues esta vez los cuatro dígitos son (00 21) y puesto que 0 por cualquier número es 0, la suma de los productos de los elementos extremos y medios es 0 y por tanto sólo hay que sumar **1** *de acarreo*.

El algoritmo usado en el párrafo anterior para multiplicar por un número de dos cifras es igualmente válido cuando el multiplicando tiene más de tres cifras. El número de ceros que hay que añadir a la izquierda sigue siendo dos y el cálculo es idéntico.

Cuando multiplicando y/o multiplicador tienen ceros a la derecha, la multiplicación se puede simplificar trasladándolos al resultado e ignorando dichos ceros a la hora de operar; p. ej. 4500 por 20 es 90 000 y equivale a la operación: 45 por 2 y multiplicar el resultado (90) por 1000 (añadir tres ceros).

Multiplicador de tres cifras

Como se verá en breve, el procedimiento a seguir es similar a operar con un multiplicador de dos cifras con pequeñas variaciones; los ceros a añadir a la izquierda del multiplicando para facilitar el algoritmo son tres en vez de dos. Cojamos como ejemplo **654** por **321**.

El **dígito de más a la derecha** del resultado se calcula multiplicando el dígito de más a la derecha del multiplicando por el análogo del multiplicador (1 *por* 4 es **4**).

Multiplicación rápida

Las **decenas** del resultado se calculan de forma idéntica a como se hacía con un multiplicador de dos cifras, esto es, se eligen los 2 dígitos menos significativos del multiplicando y los dos menos significativos del multiplicador (54 21), sumando los productos de los valores extremos (5 *por* 1) y medios (4 *por* 2); esto da **13** como resultado (**3** unidades y 1 *de acarreo*).

Los **dígitos restantes** del resultado requieren conjuntos de seis números elegidos de tal manera que siendo siempre fijos los tres del multiplicador, los tres del multiplicando varían según se van tomando de derecha a izquierda con desplazamiento de un dígito *(el desplazamiento inicial es cero)*. Estando los seis dígitos seleccionados en línea, cada dígito del resultado será la suma de los tres productos obtenidos cuyos factores se obtienen especularmente de fuera hacia dentro (cada uno del multiplicador por aquél entre los elegidos del multiplicando cuya posición especular se corresponda). Aclaremos todo esto: para las **centenas** del resultado el grupo de seis números es (654 321); las posiciones especulares del 1, 2 y 3 son respectivamente 6, 5 y 4; los sumandos son **6** (6 *por* 1), **10** (5 *por* 2) y **12** (4 *por* 3) cuya suma es **28**, que *tras agregar el acarreo* da **29** (**9** unidades y 2 *de acarreo*). Para las **unidades de millar** del resultado el grupo de seis números es (065 321); las posiciones especulares del 1, 2 y 3 son respectivamente 0, 6 y 5; los sumandos son pues **0** (0 *por* 1), **12** (6 *por* 2) y **15** (5 *por* 3) cuya suma es **27**, que más 2 *de acarreo* son **29** (**9** unidades y 2 *de acarreo*). Para las **decenas de millar** del resultado los seis números son (006 321); las posiciones especulares del 1, 2 y 3 son respectivamente 0, 0 y 6; los sumandos son pues **0** (0 *por* 1), **0** (0 *por* 2) y **18** (6 *por* 3) cuya suma es **18**, que más 2 *de acarreo* son **20** (**0** unidades y 2 *de acarreo*). Por último, para las **centenas de millar** del resultado el grupo de seis números es (000 321); las posiciones especulares del 1, 2 y 3 son respectivamente 0, 0 y 0; los sumandos son pues todos **0** así como su suma, lo que más 2 *de acarreo* es **2** (**2** unidades y 0 *de acarreo*).

Recopilando información vemos que el algoritmo

utilizado para multiplicar 654 por 321 da el resultado esperado tradicionalmente (209 934):

0	0	0	**6**	**5**	**4**
		×	3	2	1
			6	5	4
	1	3	0	8	
1	9	6	2		
2	**0**	**9**	**9**	**3**	**4**

Multiplicador de 4 ó más cifras

El método a seguir se puede deducir del procedimiento usado anteriormente al operar con un multiplicador de tres cifras. Como ejemplo vamos a multiplicar **98 765** (el multiplicando) por **4321** (el multiplicador); el resultado debe darnos **426 763 565**.

Para dar generalidad al algoritmo consideramos el multiplicando precedido de *tantos ceros como dígitos tiene el multiplicador*, en este caso 4321 tiene 4 cifras lo que convierte el multiplicando en **000 098 765**. Cada dígito del resultado procede de la suma de cierto número de factores: Para las **unidades** del resultado se requiere el dígito de más a la derecha del multiplicador y el análogo del multiplicando (5 *por* 1 es **5**). Los dos dígitos de más a la derecha del multiplicando y del multiplicador (65 21) producen los 2 factores de cada sumando (6 *por* 1 de los extremos y 5 *por* 2 de los medios) que constituyen las **decenas** del resultado (6 más 10 son **16**, esto es, **6** unidades y 1 *de acarreo*). Para las **centenas** se requieren tres sumandos generados de la misma manera que antes; los dígitos a considerar son los tres menos significativos del multiplicando (765) y del multiplicador (321) que puestos en línea (765 321) nos permiten saber los dos factores de cada sumando sin más que ir cogiendo los dos valores de los extremos hacia el interior (7 *por* 1, 6 *por* 2 y 5 *por* 3), que sumados al acarreo (7 más 12 más 15 más 1 *de acarreo*) hacen un total de **35** (**5** unidades y 3 *de acarreo*). Las **unidades de millar** siguen el mismo procedimiento; los dígitos a considerar son esta vez (8765 4321); los dos factores de cada uno de los cuatro sumandos se eligen como antes

(8 *por* 1, 7 *por* 2, 6 *por* 3 y 5 *por* 4) que sumados al acarreo inmediato anterior (8 más 14 más 18 más 20 más 3 *de acarreo*) hacen un total de **63** (**3** unidades y 6 *de acarreo*). A partir de aquí y debido a que no hay más dígitos en el multiplicador, se cogerán todos sus dígitos y tantos del multiplicando como cifras tenga el multiplicador, seleccionados con un desplazamiento hacia la izquierda hasta que los ceros que añadimos al multiplicando al principio de todo el proceso se agoten: (9876 4321), (0987 4321), (0098 4321), (0009 4321) y (0000 4321). Más en detalle:

9876 4321 genera los 2 factores de cada uno de los cuatro sumandos (9 *por* 1, 8 *por* 2, 7 *por* 3 y 6 *por* 4), que junto al acarreo anterior (9 más 16 más 21 más 24 más 6 *de acarreo*) son **76** (**6** unidades y 7 *de acarreo*).

0987 4321 genera los 2 factores de cada uno de los cuatro sumandos (0 *por* 1, 9 *por* 2, 8 *por* 3 y 7 *por* 4), que junto al acarreo anterior (0 más 18 más 24 más 28 más 7 *de acarreo*) son **77** (**7** unidades y 7 *de acarreo*).

0098 4321 genera los 2 factores de cada uno de

los cuatro sumandos (0 *por* 1, 0 *por* 2, 9 *por* 3 y 8 *por* 4), que junto al acarreo anterior (0 más 0 más 27 más 32 más 7 *de acarreo*) son **66** (**6** unidades y 6 *de acarreo*).

0009 4321 genera los 2 factores de cada uno de los cuatro sumandos (0 *por* 1, 0 *por* 2, 0 *por* 3 y 9 *por* 4), que junto al acarreo anterior (0 más 0 más 0 más 36 más 6 *de acarreo*) son **42** (**2** unidades y 4 *de acarreo*).

0000 4321 genera los dos factores de cada uno de los cuatro sumandos (0 *por* 1, 0 *por* 2, 0 *por* 3 y 0 *por* 4), que junto al acarreo anterior (0 más 0 más 0 más 0 más 4 *de acarreo*) son **4**.

Este algoritmo se puede generalizar; basta añadir a la izquierda del multiplicando tantos ceros como cifras tenga el multiplicador para determinar cuándo finalizar el proceso y una vez que se nos agoten los dígitos del multiplicador ir eligiendo tantos del multiplicando como cifras tiene el multiplicador con un desplazamiento a la izquierda como se ha hecho anteriormente.

Capítulo 3
Método de los dos dedos

Este método requiere aclarar algunos conceptos y fijar algunas reglas básicas:

- La palabra dígito se refiere a un número de una única cifra.
- El producto máximo de dos dígitos no ocupa nunca más de dos cifras (9 *por* 9 son 81).
- Si un dígito requiere ser tratado como un número de dos cifras, se considera precedido de un cero, esto es, tendrá como decena un cero y como unidad el propio dígito.
- En los números de dos cifras se identificarán las unidades mediante la letra *U*; para las decenas se utilizará la letra *D*. Al multiplicar dos dígitos, unas

veces se utilizarán sólo las decenas y otras sólo las unidades. Para indicarlo se usará un patrón formado por las letras *U* (coger *sólo las unidades*), *D* (coger *sólo las decenas*) y *o* (ignorar dígito). Ese patrón se va a utilizar exclusivamente sobre el multiplicando y determinará por analogía de ubicación los factores que generan cada sumando de la operación en curso. P. ej., si el multiplicando es **182** y el multiplicador es **4**:

- o El patrón *U* indica coger las *unidades de* 2 *por* 4 (esto es, **8**).

- o El patrón *UD* indica sumar las *decenas de* 2 *por* 4 (el **0** del 08) a las *unidades de* 8 *por* 4 (el **2** de 32), esto es, 0 más 2 es **2**.

- o El patrón *UDo* indica ignorar el dígito de las unidades del multiplicando y sumar las *decenas de* 8 *por* 4 (el **3** del resultado 32) a las *unidades de* 1 *por* 4 (el **4** de 04), esto es, **3** más **4** es **7**.

Una vez que uno se ha familiarizado lo suficiente con estos conceptos el algoritmo usado por el método de los dos dedos se vuelve sencillo y práctico.

Método de los dos dedos

Para clarificar ideas vamos a ver algebraicamente por qué funciona el método de las unidades y decenas que aquí hemos llamado *de los dos dedos*. El número *cba* consta de tres cifras y es (siempre en *base* 10):

$$\boldsymbol{cba} = c \cdot 10^2 + b \cdot 10^1 + a \cdot 10^0 = \boldsymbol{c \cdot 100 + b \cdot 10 + a}$$

Al multiplicar a, b ó c por un número n de una sola cifra se genera un número de a lo sumo dos cifras (el valor máximo sería 9 por 9, que es 81), a saber:

$$\boldsymbol{a} \cdot n = \boldsymbol{D_a} \cdot 10^1 + \boldsymbol{U_a} \cdot 10^0 = \boldsymbol{D_a} \cdot 10 + \boldsymbol{U_a}$$
$$\boldsymbol{b} \cdot n = \boldsymbol{D_b} \cdot 10^1 + \boldsymbol{U_b} \cdot 10^0 = \boldsymbol{D_b} \cdot 10 + \boldsymbol{U_b}$$
$$\boldsymbol{c} \cdot n = \boldsymbol{D_c} \cdot 10^1 + \boldsymbol{U_c} \cdot 10^0 = \boldsymbol{D_c} \cdot 10 + \boldsymbol{U_c}$$

donde D_a, D_b y D_c son respectivamente las decenas del número resultante al multiplicar n por a, b, ó c y U_a, U_b y U_c son sus unidades respectivas.

Al multiplicar *cba* por n estamos haciendo las siguientes operaciones:

$$\begin{aligned}
\boldsymbol{cba} \cdot n &= (\boldsymbol{c} \cdot 100 + \boldsymbol{b} \cdot 10 + \boldsymbol{a}) \cdot n \\
&= (\boldsymbol{c} \cdot n) \cdot 100 + (\boldsymbol{b} \cdot n) \cdot 10 + (\boldsymbol{a} \cdot n) \\
&= (\boldsymbol{D_c} \cdot 10 + \boldsymbol{U_c}) \cdot 100 + (\boldsymbol{D_b} \cdot 10 + \boldsymbol{U_b}) \cdot 10 \\
&\quad + (\boldsymbol{D_a} \cdot 10 + \boldsymbol{U_a}) \\
&= \boldsymbol{D_c} \cdot 1000 + \boldsymbol{U_c} \cdot 100 + \boldsymbol{D_b} \cdot 100 + \boldsymbol{U_b} \cdot 10 \\
&\quad + \boldsymbol{D_a} \cdot 10 + \boldsymbol{U_a}
\end{aligned}$$

y agrupando términos:

$$cba \cdot n = D_c \cdot 10^3 + (U_c + D_b) \cdot 10^2 + (U_b + D_a) \cdot 10 + U_a$$

esto es, el número resultante es tal que:

- Las **unidades** de cba son U_a (las unidades de a).
- Las **decenas** de cba son $U_b + D_a$ (la suma de las unidades de b más las decenas de a).
- Las **centenas** de cba son $U_c + D_b$ (la suma de las unidades de c, las decenas de b y por supuesto el acarreo generado por $U_b + D_a$).
- Los **millares** de cba son D_c (las decenas de c, y el acarreo inmediato anterior).

pautas que resumen el algoritmo que vamos a utilizar a continuación.

Multiplicador de un dígito

La multiplicación por un solo dígito es sencilla. El patrón es siempre **UD** *desplazándose de derecha a izquierda sobre el multiplicando, coincidiendo* **U** *sobre la misma posición del dígito del resultado que se está calculando.* De forma explícita, los patrones para obtener cada dígito del resultado *(de derecha a izquierda)* son **U**, **UD**, **UDo**,...

Veamos por *ejemplo* cómo multiplicar **4329 · 8**, cuyo resultado es **34 632**. Consideramos, como ya es habitual, el multiplicando precedido de tantos ceros como cifras tenga el multiplicador (**04329** en este caso):

Para las **unidades del resultado** el patrón es **U**, que afecta únicamente a las unidades del multiplicando, a saber, **9**. Hay que multiplicar 9 *por* 8 (que son 72) y coger sólo el dígito correspondiente a las unidades del producto, esto es, **2**.

Para las **decenas del resultado** el patrón es **UD**, en la que *U afecta a las decenas* del multiplicando (**2**) y *D a las unidades* del mismo (**9**). Se suman las unidades (*patrón U*) del producto 2 *por* 8 (el dígito **6** de 16) a las decenas (*patrón D*) del producto 9 *por* 8 (el dígito **7** de 72); el resultado es **13** (**3** unidades y 1 *de acarreo*). *Los sumandos que genera el patrón se corresponden con los dígitos centrales (6 y 7) de los dos productos colocados uno adyacente al otro (16 72).*

Para las **centenas del resultado** el patrón es **UDo**, en la que *U afecta a las centenas* del multiplicando (**3**) y *D a las decenas* del mismo (**2**). Se suman las unidades (*patrón U*) del producto 3 *por* 8 (el dígito **4** de 24) a las decenas (*patrón D*) del producto 2 *por* 8 (el dígito **1** de

16), que junto al acarreo previo son **6** (4 más 1 son **5**, más **1** *de acarreo* hacen 6).

Para las **unidades de millar del resultado** el *patrón* es ***UDoo***, en la que *U afecta a las unidades de millar* del multiplicando (**4**) y *D a las centenas* del mismo (**3**). Se suman las unidades (*patrón U*) del producto 4 *por* 8 (el dígito **2** de **3**2) a las decenas (*patrón D*) del producto 3 *por* 8 (el dígito **2** de **2**4), y como no hay acarreo, el resultado es **4** (2 más 2).

Para las **decenas de millar del resultado** el patrón es ***UDooo***, en la que *U afecta a las decenas de millar* del multiplicando (**0**) y *D a las unidades de millar* del mismo (**4**). Se suman las unidades (*patrón U*) del producto 0 *por* 8 (el dígito **0** de **0**0) a las decenas (*patrón D*) del producto 4 *por* 8 (el dígito **3** de **3**2), y como no hay acarreo, el resultado es **3** (0 más 3).

Multiplicador de dos cifras

En la multiplicación por dos cifras se van a tener dos patrones por cada dígito del resultado, el asociado a las decenas del multiplicador es similar al utilizado en el punto anterior y el correspondiente a las unidades del multiplicador es el mismo desplazado una posición a la

Método de los dos dedos   65

izquierda con respecto a este (si aquél es *UDo*, éste es *UDoo*). Esto produce cuatro factores que sumados a un posible acarreo anterior generan el dígito buscado del resultado. Estos dos patrones se van desplazando de derecha a izquierda como pasaba en la multiplicación con multiplicador de un solo dígito. *La U del patrón de mayor longitud debe coincidir siempre en posición con la del dígito del resultado a calcular.*

Veamos por *ejemplo* cómo multiplicar **6543 · 21**, cuyo resultado es **137 403**. Precedemos el multiplicando de tantos ceros como cifras tiene el multiplicador, que en este caso son dos (**006543**):

Para las **unidades del resultado** se necesita el dígito **3** del multiplicando; solamente se precisa el patrón correspondiente a las unidades del multiplicador que es *U*, y únicamente afecta a las unidades del multiplicando, a saber, **3**. Hay que multiplicar 3 *por* 1 (que son **03**) y coger sólo el dígito correspondiente a las unidades del producto, esto es, **3**.

Para las **decenas del resultado** se necesitan los dígitos **43** del multiplicando; dos sumandos se obtienen mediante el *patrón **UD** (correspondiente a las unidades del multiplicador)* en la que *U afecta a las decenas* del multiplicando (**4**) y *D a las unidades* del mismo (**3**); el otro usa el *patrón U (correspondiente a las decenas del multiplicador) afectando a las unidades* del multiplicando (**3**). Los tres productos son respectivamente **04** (4 *por* 1), **03** (3 *por* 1) y **06** (3 *por* 2), que aplicando el patrón correspondiente producen los sumandos: **4** (*patrón U* **sobre 04**), **0** (*patrón D* **sobre 03**) y **6** (*patrón U* **sobre 06**) y sumados son **10** (**0** unidades y 1 *de acarreo*).

Para las **centenas del resultado** se necesitan los dígitos **543** del multiplicando; 2 sumandos se obtienen mediante el *patrón UDo (correspondiente a las unidades del multiplicador)* en la que *U afecta a las centenas* del multiplicando (**5**) y *D a las decenas* del mismo (**4**); los otros dos se generan con el *patrón UD (correspondiente a las decenas del multiplicador)* en la que *U afecta a las decenas* del multiplicando (**4**) y *D a las unidades* del mismo (**3**). Los cuatro productos son respectivamente **05** (5 *por* 1), **04** (4 *por* 1), **08** (4 *por* 2) y **06** (3 *por* 2), que aplicando el patrón correspondiente producen los sumandos **5** (*patrón U* **sobre** 05), **0** (*patrón D* **sobre** 04), **8** (*patrón U* **sobre** 08) y **0** (*patrón D* **sobre** 06) que junto al acarreo anterior hacen un total de **14** (**4** unidades y 1 *de acarreo*).

Para las **unidades de millar del resultado** se necesitan los dígitos **6543** del multiplicando pero se usan en el cálculo sólo los tres de más a la izquierda; dos sumandos se obtienen mediante el *patrón* **UDoo** *(correspondiente a las unidades del multiplicador)* en la que *U afecta a las unidades de millar* del multiplicando (**6**) y *D a las centenas* del mismo (**5**); los otros dos se generan con el *patrón* **UDo** *(correspondiente a las decenas del multiplicador)* en la que *U afecta a las centenas* del multiplicando (**5**) y *D a las decenas* del mismo (**4**). Los cuatro productos son respectivamente **06** (6 *por* 1), **05** (5 *por* 1), **10** (5 *por* 2) y **08** (4 *por* 2), que aplicando el patrón correspondiente producen los sumandos **6** (*patrón* **U sobre** 06), **0** (*patrón* **D sobre** 05), **0** (*patrón* **U sobre** 10) y **0** (*patrón* **D sobre** 08) y sumados junto al acarreo anterior dan un total de **7**.

Para las **decenas de millar del resultado** se necesitan los dígitos **06543** del multiplicando pero se usan en el cálculo sólo los tres de más a la izquierda; dos sumandos se obtienen mediante el *patrón* **UDooo** *(correspondiente a las unidades del multiplicador)* en la que *U afecta a las decenas de millar* del multiplicando (**0**) y *D a las unidades de millar* del mismo (**6**); los otros dos se generan con el *patrón **UDoo** (correspondiente a las decenas del multiplicador)* en la que *U afecta a las unidades de millar* del multiplicando (**6**) y *D a las centenas* del mismo (**5**). Los cuatro productos son respectivamente **00** (0 *por* 1), **06** (6 *por* 1), **12** (6 *por* 2) y **10** (5 *por* 2), que aplicando el patrón correspondiente determinan los sumandos **0** (*patrón U* **sobre** 00), **0** (*patrón D* **sobre** 06), **2** (*patrón U* **sobre** 12) y **1** (*patrón D* **sobre** 10) cuya suma es **3**.

Para las **centenas de millar del resultado** se necesitan los dígitos **006543** del multiplicando pero se usan en el cálculo sólo los tres de más a la izquierda; dos sumandos se obtienen mediante el *patrón **UDoooo** (correspondiente a las unidades del multiplicador)* en la que *U afecta a las centenas de millar* del multiplicando (**0**) y *D a las decenas de millar* del mismo (**0**); los otros dos se generan con el *patrón **UDooo** (correspondiente a las decenas del multiplicador)* en la que *U afecta a las decenas de millar* del multiplicando (**0**) y *D a las unidades de millar* del mismo (**6**). Los 4 productos son respectivamente **00** (0 *por* 1), **00** (0 *por* 1), **00** (0 *por* 2) y **12** (6 *por* 2); que aplicando el patrón correspondiente determinan los sumandos **0** (*patrón U* **sobre** 00), **0** (*patrón* **D sobre** 00), **2** (*patrón* **U sobre** 00) y **1** (*patrón* **D sobre** 12) cuya suma da un total de **1**.

En general, los patrones actúan sobre tres dígitos del multiplicando. Si consideramos que estos son **543** y el *patrón asociado a las unidades del multiplicador* es **UDo** (actuando sobre el **5** y el **4**), necesariamente el *patrón correspondiente a las decenas del multiplicador* es **UD** (actuando sobre el **4** y el **3**). Si el multiplicador es **21** entonces para hallar el dígito de las centenas del resultado se calculan 5 *por* 1, 4 *por* 1, 4 *por* 2 y 3 *por* 2 y se aplica respectivamente el patrón **UDUD**; los cuatro números resultantes se suman con el acarreo previo (si existe) produciendo un dígito y un posible acarreo.

Multiplicador de tres o más cifras

Como se verá, el procedimiento a seguir es similar al anterior. Existe *un primer patrón* **UD** *asociado a las unidades del multiplicador* de forma que **U** opera con el dígito del multiplicando sito en la *posición P*, la misma del dígito del resultado que se desea calcular; **D** opera con el dígito del multiplicando de la *posición P-1* (si es posible). Un *segundo patrón* **UD** *asociado a las decenas del multiplicador* opera con los dígitos del multiplicando ubicados en las *posiciones **P** − 1 y **P** − 2* (si eso es posible) y un *tercer patrón **UD** asociado a las centenas del multiplicador* opera con los dígitos del multiplicando ubicados en las *posiciones **P** − 2 y **P** − 3* (si es posible). *Cada dígito del multiplicador se multiplica por los dígitos del multiplicando afectados por el patrón, eligiendo las **unidades o decenas** de cada operación según corresponda (**U ó D**); de este modo se obtienen seis números (dos por patrón) que junto con el acarreo anterior definen el dígito buscado del resultado.*

(Consideramos que las posiciones aumentan de derecha a izquierda de modo que la *posición P* está un lugar más a la izquierda que la *posición P* − 1).

Añadir una cifra más al multiplicador se traduce en **generar otro patrón *UD*** asociado al nuevo dígito siguiendo las reglas anteriores, esto es, el **patrón asociado a las unidades del multiplicador** define las *posiciones P* y *P* − 1; el **resto** definirá las **posiciones *P* − 1 y *P* − 2, *P* − 2 y *P* − 3**, etc. hasta agotar los dígitos del multiplicador. La forma de operar es la misma; sólo varía el número de sumandos por dígito a calcular.

Veamos por *ejemplo* cómo multiplicar **7654 · 321**, cuyo resultado es **2 456 934**. Consideramos, como ya es

Método de los dos dedos

habitual, el multiplicador precedido de tantos ceros como cifras tenga el multiplicador (**0007654** en este caso):

Para hallar las **unidades del resultado**, el patrón que corresponde a las unidades del multiplicador es *U*, el cual se aplica al producto 4 *por* 1 (de multiplicando y multiplicador, respectivamente) resultando **4** (esto es, las unidades de 0**4**).

Para las **decenas del resultado** la parte decisiva del multiplicando es **54**. El patrón que corresponde a las unidades del multiplicador (**1**) es *UD (estando U en la misma posición que el 5);* las unidades de 0**5** (5 *por* 1 es **05**) son **5** y las decenas de **0**4 (4 *por* 1 es **0**4) son **0**. El patrón que corresponde a las decenas del multiplicador (**2**) es *U (estando U en la misma posición que el 4);* las unidades de 0**8** (4 *por* 2) son **8**. Sólo hay tres sumandos (**5**, **0** y **8**) y su suma es **13** (**3** unidades y 1 *de acarreo*).

Para las **centenas del resultado** la parte necesaria del multiplicando es **654**. El patrón que corresponde a las unidades del multiplicador (**1**) es *UD (estando U en la misma posición que el 6);* las unidades de 0**6** (6 *por* 1) son **6** y las decenas de **0**5 (5 *por* 1) son **0**. El patrón que corresponde a las decenas del multiplicador (**2**) es *UD* *(estando U en la misma posición que el 5);* las unidades de 1**0** (5 *por* 2) son **0** y las decenas de **0**8 (4 *por* 2 son **0**8) son **0**. El patrón que corresponde a las centenas del multiplicador (**3**) es *U (estando U en la misma posición que el 4);* las unidades de 12 (4 *por* 3) son **2**. No hay más que los cinco sumandos **6**, **0**, **0**, **0** y **2**, que junto a **1** *de acarreo* suman **9**.

Para las **unidades de millar del resultado** la parte importante del multiplicando es **7654**. El patrón que corresponde a las unidades del multiplicador (**1**) es *UD (estando U en la misma posición que el 7);* las unidades de 0**7** (7 *por* 1) son **7** y las decenas de **0**6 (6 *por* 1) son **0**. El patrón asociado a las decenas del multiplicador (**2**) es *UD (estando U en la misma posición que el 6);* las unidades de 1**2** (6 *por* 2) son **2** y las decenas de **1**0 (5 *por* 2) son **1**. El patrón asociado a las centenas del multiplicador (**3**) es *UD (estando U en la misma posición que el 5);* las unidades de 1**5** (5 *por* 3) son **5** y las decenas de **1**2 (4 *por* 3) son **1**. Ya tenemos los seis sumandos **7**, **0**, **2**, **1**, **5** y **1**, que totalizan **16** (**6** unidades y **1** *de acarreo*).

Para las **decenas de millar del resultado** la parte importante del multiplicando es **0765**. El patrón que

Método de los dos dedos   73

corresponde a las unidades del multiplicador (**1**) es *UD (estando U en la misma posición que el 0);* las unidades de **00** (0 *por* 1) son **0** y las decenas de **07** (7 *por* 1) son **0**. El patrón asociado a las decenas del multiplicador (**2**) es *UD (estando U en la misma posición que el 7);* las unidades de **14** (7 *por* 2) son **4** y las decenas de **12** (6 *por* 2) son **1**. El patrón asociado a las centenas del multiplicador (**3**) es *UD (estando U en la misma posición que el 6);* las unidades de **18** (6 *por* 3) son **8** y las decenas de **15** (5 *por* 3) son **1**. Recopilando, los seis sumandos son **0**, **0**, **4**, **1**, **8** y **1**, que más 1 *de acarreo* son **15** (**5** unidades y 1 *de acarreo*).

Para las **centenas de millar del resultado** la parte importante del multiplicando es **0076**. El patrón que corresponde a las unidades del multiplicador (**1**) es *UD (estando U en la misma posición que el primer 0 por la izquierda);* las unidades de **00** (0 *por* 1) son **0** y las decenas de **00** (0 *por* 1) son **0**. El patrón asociado a las decenas del multiplicador *2* es *UD (estando U en la misma posición que el segundo 0 por la izquierda);* las unidades de **00** (0 *por* 2) son **0** y las decenas de **14** (7 *por* 2) son **1**. El patrón asociado a las centenas del multiplicador (**3**) es *UD (estando U en la misma posición* *que el 7);* las unidades de **21** (7 *por* 3) son **1** y las decenas de **18** (6 *por* 3) son **1**. Ya tenemos los seis sumandos **0**, **0**, **0**, **1**, **1** y **1**, que junto a 1 *de acarreo* previo suman **4**.

Para las **unidades de millón del resultado** la parte importante del multiplicando es **0007**. El patrón que corresponde a las unidades del multiplicador (**1**) es *UD (estando U en la misma posición que el primer 0 por la izquierda);* genera dos ceros. Lo mismo ocurre con el patrón asociado a las decenas del multiplicador (**2**) *UD (estando U en la misma posición que el segundo 0)*. El patrón asociado a las centenas del multiplicador (**3**) es *UD (estando U en la misma posición que el tercer 0 por la izquierda);* las unidades de **00** (0 *por* 3) son **0** y las decenas de **21** (7 *por* 3) son **2**. Finalmente, tenemos los seis sumandos **0**, **0**, **0**, **0**, **0** y **2**, cuya suma es **2**.

Capítulo 4
Sumas y correcciones

En este capítulo nos centraremos en cómo efectuar fácilmente largas sumas de muchos números, en la manera de encontrar errores de ejecución y en la delimitación de esos errores para no tener que revisar la suma completa sino sólo parte de ella.

En la forma tradicional, se suman las unidades de cada sumando obteniendo un resultado y un posible acarreo que se adiciona a la suma de las decenas de cada sumando para producir otro resultado y otro acarreo, el cual se añade a la suma de las centenas para producir un tercer resultado y consiguiente acarreo... así hasta agotar las cifras de derecha a izquierda.

El acarreo se produce siempre que se suma una unidad a 9 para producir 10. Una manera de aliviar el cálculo consiste precisamente en contar cuántas veces se ha sobrepasado esta cifra. Para ello se incrementa un contador imaginario cada vez que esto acontece y se continúa la suma con las unidades del último resultado ignorando las decenas (esto es, restamos 10). Cada incremento del contador de dieces es un acarreo a tener en cuenta en la siguiente columna de la izquierda. Por ejemplo, vamos a considerar la suma de los números de dos cifras **64**, **25**, **17**, **58**, **43**, **93** y **7**; de arriba abajo las *unidades de cada sumando* de la operación son **4**, **5**, **7**, **8**, **3**, **3** y **7**. Se comienza sumando **4** y **5** (que son 9); 9 y **7** cuentan como 6 (pues son 16 y el 1 es considerado pero *ignorado*); 6 y **8** producen 4 (pues suman 14); 4 y **3** son 7; 7 y **3** generan 0 (pues son 10); y para finalizar, 0 y **7** son 7, **determinando** las **unidades** del resultado **en 7** y el **contador de dieces de las unidades** en **3**, que si bien no influye en las unidades sí lo hace en las decenas; tradicionalmente se obtiene un total de 37 (7 unidades y 3 *el acarreo*). Ahora es el turno de *las decenas de cada sumando*, estas son **6**, **2**, **1**, **5**, **4**, **9** y **0**. Procedemos con la suma como antes; **6** y **2** son 8; 8 y **1** son 9; 9 y **5** hacen 14; 4 y **4** son 8; 8 y **9** son 17; y la última, 7 y **0** son 7, lo cual se traduce en 7 y el **contador de dieces de las decenas** en **2**; *las decenas* del resultado son pues

7 más 3 (el contador de dieces de las unidades), esto es, 10 (0 y 1 *de acarreo* que se traslada como sumando de la columna siguiente); las centenas del resultado están constituidas por la suma del contador de las decenas (**2**) con el último acarreo (**1**). La suma total es pues **307**, lo que coincide con resultado que proporciona el método tradicional de cómputo (la suma de las decenas 6, 2, 1, 5, 4, 9 y 0 son 27 que sumados a 3 del acarreo anterior generado por la suma de las unidades son 30).

El mismo ejemplo se puede efectuar *considerando ahora* el **conteo del número de onces** en vez del número de dieces. El proceso es el mismo salvo que cada vez que se sobrepasa la cifra 11 en vez de simplemente ignorar las decenas para el cálculo (aunque contabilicen para el número de onces) las unidades deben ser decrementadas en una unidad (lo que equivale a *restar* 11). Este hecho obliga a reponer tantos unos como onces se hayan encontrado en la columna que se está sumando (ya sean unidades, decenas, etc.), lo que en principio puede parecer una desventaja; sin embargo, este método facilita la corrección de errores como se verá más adelante en este mismo capítulo. Procedamos con el ejemplo; los sumandos son los mismos: **64**, **25**, **17**, **58**, **43**, **93** y **7**. Como antes, se consideran primero (de arriba abajo, aunque podría seguirse otro orden) *cada unidad de cada sumando* (**4**, **5**, **7**, **8**, **3**, **3** y **7**) sumándolos de la siguiente manera: **4** y **5** son 9; 9 y **7** son 16 (se ignora el 1 *contabilizándolo para el contador de onces* de las unidades —ahora 1— y se decrementa 6 en 1); 5 y **8** son 13 (se incrementa de nuevo el contador de onces de las unidades —ahora 2— y se decrementa 3 en 1); 2 y **3** son 5; 5 y **3** son 8; y por último, 8 y **7** son 15 (nuevo incremento del contador —que ahora es 3— y decremento de 5 en 1), lo que resulta en **4** y un **contador de onces para las unidades** de **3** (cantidad que repone tantos unos como onces habíamos restado) que sumados (**7**) determinan las **unidades** para el **resultado** final. Consideramos ahora *cada decena de cada sumando* (en el mismo orden que antes), a saber, **6**, **2**, **1**, **5**, **4**, **9** y **0**. El proceso de la suma sigue así: 6 y **2** son 8; 8 y **1** son 9; 9 y **5** son 14 (con lo que el *contador de onces para las decenas* es ahora **1** y 4 debe decrementarse en 1); 3 y **4** son 7; 7 y **9** son 16 (nuevo incremento en **contador de onces de las decenas** —que ahora es **2**— y decremento de 6 en una unidad); y por último, 5 y **0** son **5**. Para determinar las decenas del resultado hay que sumar a este **5** tantos unos como onces habíamos restado en la columna de las decenas (el **contador de onces de las decenas** es 2) y el acarreo anterior asociado a la resta de números 11 (el *contador de onces de las unidades* es 3), lo que suma **10** (**0** unidades y 1 *de acarreo* del resultado que se sumará a la siguiente columna de la izquierda). En las centenas del resultado final no hay unos que reponer (no se ha restado ningún 11) pero sí procede la suma del último acarreo generado en la columna previa (que es **1**) y el acarreo que arrastra consigo el contador de onces anterior (el de las decenas, que es **2**), por lo que las centenas del resultado son **3** (1 más 2) y el resultado final de la suma es **307**.

Los datos relevantes del proceso de cálculo están condensados en la siguiente tabla, donde el número de caracteres asterisco (*) a la derecha de un número indica la cuantía del acarreo:

	Centenas	*Decenas*	*Unidades*
Cálculo total	0	5	4
Contador onces	0	2	3
Resultado operación	3	0*	7

Cada dígito del resultado se halla sumando al cálculo total de la columna correspondiente el contador de onces de la misma columna y el de la anterior, esto es: las unidades son **7** (4 más 3), las decenas son **0*** (5 más 2 más 3, que suman 10 —0 unidades y un acarreo de 1, denotado con un asterisco a la derecha del 0—) y las centenas son **3** (0 más 0 más 2 más 1 *de acarreo* que fue generado en la columna anterior).

La **suma de números con decimales** se hace de idéntica manera; lo único indispensable es posicionar cada dígito en la columna adecuada de acuerdo a su ponderación (hacia la izquierda del punto decimal, unidades con unidades, decenas con decenas, centenas con centenas, etc. y a la derecha de dicho punto, décimas con décimas, centésimas con centésimas, milésimas con milésimas, etc.). Conviene aclarar que el separador de decimales que utilizaremos es la coma (como es práctica común en español). Para sumar 0,69 más 3,28 más 0,75 se procede posicionando cada dígito en su columna correspondiente. De arriba abajo y de derecha a izquierda: **9**, **8** y **5** pertenecen a la columna de las centésimas; **6**, **2** y **7** forman parte de las décimas; y **0**, **3** y **0** corresponden a las unidades. Si ponemos entre paréntesis cada incremento del contador de onces (que se inicializa a 0 en cada columna) el cálculo (de derecha a izquierda, como es lo habitual) sería: **9** más **8** son 17, así pues, decrementamos 7 en 1 e incrementamos el contador de onces de la columna, esto es, **6(1)**; 6 y **5** son 11 finalizando la columna con el decremento de 1 en una unidad y el incremento del contador de onces en 1, esto es, **0(2)**. Siguiendo el mismo formato en la columna de las décimas tenemos: **6** y **2** son 8; 8 y **7** son 15 —**4(1)**—. La columna de las unidades produce sólo **3(0)**.

	Unidades	Décimas	Centésimas
	0,	6	9
	3,	2	8
	0,	7	5
Cálculo total	3	**4**	0
Contador onces	0	1	2
(Detalle operación)	3 + 0 + 1	4 + 1 + 2	0 + 2
Resultado operación	4,	7	2

Por claridad se ha incluido una fila indicando el detalle de cada operación final y se han resaltado en negrita los dígitos que participan en el cálculo de las décimas del resultado.

Las primeras cifras del número π sumadas de cierta manera dan el curioso resultado 69 999 (número que tras restarle 7 y dividirlo por 13 da exactamente 5384). Hagamos este ejemplo.

Los trece sumandos son: **31415**, **9265**, **3589**, **793**, **2384**, **626**, **4338**, **3279**, **5028**, **8419**, **71**, **693** y **99**.

La **suma de las unidades** de cada sumando es (del primero al último): **5** más **5** son 10; 10 y **9** son 19 «**8(1)**»; 8 y **3** son 11 «0(2)»; 0 y **4** son 4; 4 y **6** son 10; 10 y **8** son 18 «7(3)»; 7 y **9** son 16 «5(4)»; 5 y **8** son 13 «2(5)»; 2 y **9** son 11 «0(6)»; 0 y **1** es 1; 1 y **3** son 4; y finalmente, 4 y **9** son 13 «**2(7)**», esto es, el cálculo total de las *unidades es* **2** y el *contador de onces de las unidades es* **7**; su suma (**9**) establece las unidades del resultado final.

La **suma de las decenas** de cada sumando es (del primero al último): **1** y **6** son 7; 7 y **8** son 15 «4(1)»; 4 y **9** son 13 «2(2)»; 2 más **8** son 10; 10 más **2** son 12 «1(3)»; 1 y **3** son 4; 4 y **7** son 11 «0(4)» 0 y **2** son 2; 2 y **1** son 3; 3 y **7** son 10; 10 y **9** son 19 «8(5)»; y para finalizar, 8 y **9** son 17 «**6(6)**», esto es, *cálculo total de* *decenas de 6 y contador de onces de decenas de 6;* las **decenas del resultado** quedan determinadas sumando a estos números (6 y 6 son **12**) el contador de onces de las unidades (**7**), un total de **19** (**9** unidades y 1 *de acarreo*, que con la notación usada anteriormente podemos representar como **9***).

La **suma de las centenas** de cada sumando es (del primero al último): **4** y **2** son 6; 6 y **5** son 11 «0(1)»; 0 y **7** son 7; 7 y **3** son 10; 10 y **6** son 16 «5(2)»; 5 y **3** son 8; 8 y **2** son 10; 10 y **0** son 10 ; 10 y **4** son 14 «3(3)»; y finalmente 3 y **6** son 9 —en resumen, **9(3)**—, esto es, *cálculo total de centenas 9 y contador de onces de las centenas 3;* las centenas del resultado quedan determinadas sumando a estos dos números (9 y 3 son **12**) el contador de onces de las decenas (**6**) y el acarreo general (**1**), lo que totaliza **19** (**9** unidades y un acarreo de 1, que de nuevo podemos representar como **9***).

La **suma de las unidades de millar** de cada sumando es (del primero al último): **1** y **9** son 10; 10 y **3** son 13 «2(1)»; 2 y **2** son 4; 4 y **4** son 8; 8 y **3** son 11 «0(2)»; 0 y **5** son 5; y por fin, 5 y **8** son 13 «2(3)», esto es, *cálculo total de unidades de millar 2 y contador de onces de las unidades de millar 3;* las unidades de millar del resultado quedan determinadas sumando a estos dos números (2 y 3 son **5**) el contador de onces de las centenas (**3**) y el acarreo general inmediato anterior (**1**), lo que totaliza **9**.

La **suma de las decenas de millar** de cada sumando es (del primero al último): **3** (el resto son cero). El contador de onces de las decenas de millar es 0, el contador de onces de las unidades de millar es **3** y no existe acarreo general previo; así pues, las decenas de millar del resultado son **6** (3 más 3).

Como se ha podido comprobar con el ejemplo anterior, el cálculo es sencillo; sólo hay que ir teniendo en cuenta la última suma efectuada, los contadores de onces (previo y actual) y el posible acarreo general. La siguiente tabla resume los datos más relevantes (donde *U* son unidades, *D* decenas, *C* centenas, *UM* unidades de millar y *DM* decenas de millar):

	DM	*UM*	*C*	*D*	*U*
Cálculo total	3	2	9	6	2
Contador de onces	0	3	3	6	7
Resultado operación	6	9	9*	9*	9

Sumas y correcciones   85

Detección de errores en las operaciones

Para la comprobación de las operaciones se requiere la obtención de un dígito de control a partir de cada columna (unidades, decenas, etc.), varios dígitos de control (también uno por columna) a partir de lo que vamos a designar a partir de ahora **tabla de trabajo** compuesta por las dos primeras líneas de la última tabla del punto anterior (identificadas como *«Cálculo total»* y *«Contador de onces»*), y otro dígito de control sacado a partir del resultado de la operación.

Utilizamos el mismo ejemplo que en el punto anterior, esto es, los sumandos trece sumandos: **31415**, **9265**, **3589**, **793**, **2384**, **626**, **4338**, **3279**, **5028**, **8419**, **71**, **693** y **99**.

Procedemos con el cálculo del **dígito de control de cada columna**. Para ello hay que ignorar todos los nueves (también los ceros) y los dígitos que sumados sean 9 ó un múltiplo de 9 de la columna objetivo, para seguidamente sumar el resto y así obtener un número cuyas cifras deben reducirse a un solo dígito mediante su suma (si procede):

Los dígitos de la **columna de las unidades** son: **5**,

5, **9**, **3**, **4**, **6**, **8**, **9**, **8**, **9**, **1**, **3** y **9**. Podemos eliminar cuatro nueves, y del resto, los que suman 9, a saber, «**5** y **4**», «**6** y **3**», «**8** y **1**», quedando sólo **5**, **8** y **3** que *generan el dígito* **7** (5 y 8 son 13; 1 y 3 son 4; 4 y 3 son **7** —o bien 5 más 8 más 3 son 16; 1 y 6 son **7**).

Los dígitos de la **columna de las decenas** son: **1**, **6**, **8**, **9**, **8**, **2**, **3**, **7**, **2**, **1**, **7**, **9** y **9**. Podemos eliminar tres nueves, y del resto, los que suman 9, a saber (cogidos de izquierda a derecha), «**1** y **8**», «**6** y **3**», «**8** y **1**», «**2** y **7**», «**2** y **7**», agotando todos los números y por tanto *generando el dígito* **0** (que a efectos prácticos equivale al **9**).

Los dígitos de la **columna de las centenas** son: **4**, **2**, **5**, **7**, **3**, **6**, **3**, **2**, **0**, **4** y **6**. No hay nueves que eliminar (aunque el **0** puede ser ignorado), y del resto, podemos quitar los que suman 9, a saber, «**4** más **2** más **3**», «**5** y **4**», «**7** y **2**», «**6** y **3**», quedando únicamente **6**, que se convierte en el *dígito de control.*

Los dígitos de la columna de las **unidades de millar** son: **1**, **9**, **3**, **2**, **4**, **3**, **5** y **8**. Podemos eliminar un nueve, y del resto, los que suman 9, a saber (cogidos de izquierda a derecha), «**1** y **8**», «**3** más **2** más **4**», lo que define el *dígito de control* como la suma de «**3** y **5**».

Sumas y correcciones

En cuanto a la columna de las **decenas de millar**, el único dígito disponible es el **3**, el cual constituye en sí mismo el *dígito de control* de esta columna.

La siguiente tabla resume los **dígitos de control** obtenidos para cada columna (**U** unidades, **D** decenas, **C** centenas, **UM** unidades de millar y **DM** decenas de millar):

	DM	*UM*	*C*	*D*	*U*
Dígitos de control	3	8	6	0 ó 9	7

Los siguientes dígitos de control se obtienen a partir de la que designamos al comienzo como **tabla de trabajo**, pero *duplicando la línea del contador de onces* antes de proceder con la suma cada columna, esto es:

	DM	*UM*	*C*	*D*	*U*
Cálculo total	3	2	9	6	2
Contador de onces	0	3	3	6	7
Contador de onces	0	3	3	6	7
Suma de la columna	3	8	15	18	16
Dígitos de control	**3**	**8**	**6**	**9**	**7**

El **dígito de control de las unidades** procede de la suma de los elementos de la columna *U* mediante la secuencia de operaciones: **2** más **7** más **7** son 16; 1 y 6 son **7**.

El **dígito de control de las decenas** procede de la suma de los elementos de la columna *D* mediante la secuencia de operaciones: **6** más **6** más **6** son 18; 1 y 8 son **9**.

El **dígito de control de las centenas** procede de la suma de los elementos de la columna *C* mediante la secuencia de operaciones: **9** más **3** más **3** son 15; 1 y 5 son **6**.

El **dígito de control de las unidades de millar** procede de la suma de los elementos de la columna *UM* mediante la operación: **2** más **3** más **3** son **8**.

El **dígito de control de las decenas de millar** procede de la suma de los elementos de la columna *DM* mediante la operación: **3** más **0** más **0** es **3**.

El resultado es idéntico al cálculo de los primeros dígitos de control obtenidos anteriormente; esto indica que no hay inconsistencia entre el cálculo total y los onces contados en ninguna columna.

El último dígito de control se obtiene a partir de la fila correspondiente al resultado de la operación, en este caso:

	DM	UM	C	D	U
Resultado de la operación	6	9	9	9	9

Aquí únicamente hay que reducir todas las cifras que forman parte del resultado a sólo una mediante sumas sucesivas de sus dígitos. La conversión a un solo dígito puede hacerse al final de la suma o en cada suma parcial, esto es, podemos sumar **6** más **9** más **9** más **9** más **9** (42 en total) y luego 4 más 2 para obtener el *dígito de control* **6** ó bien seguir una secuencia de operaciones similar a la siguiente: **6** y **9** son 15; 1 y 5 son 6; 6 y **9** son 15; 1 y 5 son 6; y así sucesivamente hasta obtener el dígito de control (**6**).

Anteriormente obtuvimos como dígitos de control de cada columna **3**, **8**, **6**, **9** y **7**. Podemos determinar un solo dígito a partir de ellos sumándolos y simplificando el resultado como antes: **3** y **8** son 11; 1 y 1 son 2; 2 y **6** son 8; 8 y **9** son 17; 1 y 7 son 8; 8 y **7** son 15; y por fin, 1 y 5 son **6**, valor que coincide con el dígito de control hallado para el resultado de la operación, lo cual es indicativo de que todo es correcto.

Métodos generales de chequeo

Nos vamos a fijar en dos métodos esenciales para la comprobación de errores en una operación: el *método de reducción a dígitos* y el *método de los onces*.

Método de reducción a dígitos

Este método consiste en reducir a un solo dígito cada componente de la operación, efectuar dicha operación con esos dígitos (ya sea suma, resta, multiplicación o división) y comprobar que el dígito resultante coincide con el hallado para el resultado. **Si NO coincide, se ha cometido algún error** al operar.

La reducción a un único dígito es un proceso sencillo. Como anteriormente se hizo, se pueden sumar todos los dígitos del número y reducir el resultado final a una sola cifra repitiendo el mismo proceso (como en el número 856 —8 más 5 más 6 son 19; 1 y 9 son 10; 1 y 0 es **1**) o ir transformando cada resultado parcial a un solo dígito (usando de nuevo 856 como ejemplo, 8 y 5 son 13; 1 y 3 son 4; 4 y 6 son 10; 1 y 0 es **1**).

Además, hay una propiedad interesante que

facilita el cálculo: **los nueves y los ceros pueden ser ignorados**. *La suma de uno o más nueves (eso incluye todos los múltiplos de 9) al dígito resultante no afecta al resultado final.* Sumar 9 es sumar 10 y restar 1, pero diez reducido a un solo dígito es 1 (1 y 0 es 1), por lo que en realidad estamos sumando 0. Puesto que 9 se comporta como 0 podemos decir que *0 y 9 pueden considerarse el mismo* a la hora de decidir si un resultado es o no correcto.

La regla anterior es realmente poderosa:

Todos los dígitos del número que en conjunto sumen 9 pueden ser ignorados. P. ej. **136 847 299** se reduce fácilmente a **4** pues «**1** y **8**» son 9; «**3** y **6**» son 9; «**7** y **2**» son 9; y finalmente, los dos nueves pueden ignorarse quedando sólo el dígito **4**. El mismo cálculo hecho como antes sería más laborioso: **1** y **3** son 4; 4 y **6** son 1 (1 más 0); 1 y **8** son 9, 9 y **4** son 4 (1 más 3); 4 y **7** son 2 (1 más 1); 2 y **2** son 4; 4 y **9** son 4 (1 más 3); y finalmente 4 y **9** son nuevamente **4**.

Hay veces que *se puede simplificar el proceso de reducción del número a un solo dígito cogiendo el resto de la división de dicho número entre 9*. Por ejemplo, el número **2747** al dividirlo entre 9 da **2** de resto, el mismo dígito que resulta al reducir 2747 a sólo uno: como 2 y 7 suman 9, se ignoran; 7 equivale a 5 más 2, esto permite ignorar 4 y 5 —pues suman 9— dejando únicamente como resultado **2**.

Todo esto ayuda a **detectar que una operación es incorrecta**, pero no se garantiza la corrección de la operación, como se ve en el siguiente ejemplo.

La suma de **456** más **21** es **477**. Reduciendo a un solo dígito cada sumando, 456 es **6** y 21 es **3**. La suma de 6 y 3 (que es **9**) da el mismo dígito que el obtenido a partir del resultado (**477** *es* 9 como un solo dígito) por lo que la operación parece ser correcta (**387** *también es 9* reducido a un solo dígito, *aunque sea una respuesta* **errónea**). Sin embargo, *ante un resultado como* **487**, podemos afirmar sin duda alguna que la *operación es incorrecta*, pues 487 es **1** reducido a un único dígito.

Si decimos que el producto de **12** y **4** es **41**, *este error **puede ser detectado***. El primer factor se convierte en **3**, el segundo es **4**; su producto es **12**, que como un dígito es **3**. Por otra parte, 41 como un dígito es **5** ≠ **3**, discrepancia que alerta sobre un fallo en el cálculo.

Método de los onces

Este método consiste en reducir a un número entre cero y diez cada componente de la operación (mediante el cálculo del resto al dividir por once usando sumas y restas), efectuar dicha operación con esos dígitos (ya sea suma, resta, multiplicación o división) y comprobar que el dígito resultante coincide con el obtenido para el resultado. **Si NO coincide, se ha cometido algún error** al operar.

El cálculo del **resto al dividir por 11** un **número de dos cifras** es netamente sencillo, se busca el máximo múltiplo de once que puede albergar el número y se resta del mismo. Pero para seguir una analogía con el algoritmo que vamos a utilizar cuando el número es de más cifras vamos a utilizar este otro procedimiento (aún más simple):

Si las **unidades** son **mayores que las decenas**, únicamente hay que restar al dígito de las unidades el de las decenas; el resultado es el resto al dividir por 11. Por ejemplo, si el número objetivo es 78, el resto al dividirlo por 11 es **1** (8 menos 7), lo cual es cierto, pues 78 es 7 veces 11 más **1**.

Si las **unidades** son **menores que las decenas**, hay que *sumar 11 a las unidades antes* de restarle el dígito de las decenas; el resultado es el resto al dividir por 11. Por ejemplo, si el número objetivo es 82, se suma 11 a 2 (esto es, 13) y se resta 8 para obtener el resto al dividirlo por 11; como 13 menos 8 es **5**, éste es el resto buscado, lo cual es cierto, pues 82 es 7 veces 11 más **5**.

El cálculo del **resto al dividir por 11** un **número de más de dos cifras** es más laborioso, pero aplicando el método indicado en los dos párrafos anteriores sobre *ciertos conjuntos* de números, el cómputo se reduce a sencillas sumas y restas:

El **primer conjunto de números** a considerar es el propio *dígito de las unidades y cada segundo dígito* de todos los que se encuentran a su izquierda.

El **segundo conjunto de números** es el propio *dígito de las decenas y cada segundo dígito* de todos los que se encuentran a su izquierda.

Para hallar el resto al dividir por 11 basta *restar la suma del primer conjunto de números de la suma del segundo conjunto de números y reducir el resultado a un múltiplo de 11*. De especial importancia es que, *si el* *minuendo de esta resta es menor que el sustraendo*, hay que sumar 11 al minuendo antes de proceder con la resta.

Por ejemplo, consideremos el número de 20 cifras 93 452 **678** 345 **678** 998 **821** (cuyo *resto al ser dividido por 11* es **2**, pues es 8 495 698 031 425 363 529 veces 11 más **2**).

El primer grupo de números es **1**, **8**, **9**, **8**, **6**, **4**, **8**, **6**, **5** y **3**; su suma es **58**.

El segundo grupo de números es **2**, **8**, **9**, **7**, **5**, **3**, **7**, **2**, **4** y **9**; su suma es **56**.

La **resta 58 menos 56** nos proporciona *el resto al dividir por 11* buscado, a saber, **2**. También se podrían haber reducido **58** y **56** a sus *respectivos restos al dividir por 11*, esto es, **3** (8 menos 5) y **1** (6 menos 5) y efectuar la resta 3 menos 1 para obtener el mismo resultado.

Igualmente válido habría sido:

Primero, reducir cada suma del primer grupo al resto al dividir por 11, de esta manera: **1** y **8** son 9; 9 y **9** son 18; «8 menos 1 son 7» *(para hallar el resto);* 7 y **8** son 15; «5 menos 1 son 4»; 4 y **6** son 10; 10 y **4** son 14; «4 menos 1 son 3»; 3 y **8** son 11; «1 menos 1 es 0»; 0 y

6 son 6; 6 y **5** son 11; «1 menos 1 es 0»; y 0 más **3** es **3**.

Segundo, reducir cada suma del segundo grupo al resto al dividir por 11, de esta manera: **2** y **8** son 10; 10 y **9** son 19; «9 menos 1 son 8» *(para hallar el resto);* 8 y **7** son 15; «5 menos 1 son 4»; 4 y **5** son 9; 9 y **3** son 12; «2 menos 1 es 1»; 1 y **7** son 8; 8 y **2** son 10; 10 y **4** son 14; «4 menos 1 es 3»; y finalmente, 3 más **9** son 12 cuyo resto al ser dividido por 11 es **1** («2 menos 1»).

Tercero *(y último),* restar el resto obtenido en el segundo grupo (**1**) del obtenido en el primero (**3**) para deducir que al dividir **93 452 678 345 678 998 821** por 11 el resto es **2**.

Otra manera de afrontar el cálculo del resto al dividir por 11 es coger los dígitos de izquierda a derecha y de dos en dos para formar números de dos cifras y transformarlos en un conjunto de restos que iremos sumando y transformando en restos *a posteriori* según se opera con ellos de izquierda a derecha.

Veámoslo con el mismo ejemplo:

El número se separa en términos de 2 cifras de izquierda a derecha (**93 45 26 78 34 56 78 99 88 21**) y se resta cada decena de las unidades (pero cuando éstas sean menores que aquéllas, se añade 11 a las unidades antes de operar): como 3 es menor que 9, es necesario sumar 11 (3 y 11 son 14); 14 menos 9 son **5**; 5 menos 4 son **1**; 6 menos 2 son **4**; 8 menos 7 es **1**; 4 menos 3 es **1**; 6 menos 5 es **1**; 8 menos 7 es **1**; 9 menos 9 es **0**; 8 menos 8 es **0**; 1 más 11 son 12; 12 menos 2 son **10**.

Finalmente, operamos con la secuencia de restos obtenidos (**5**, **1**, **4**, **1**, **1**, **1**, **1**, **0**, **0**, **10**) sumándolos de izquierda a derecha, y restando 11 cuando sea posible: **5** y **1** son 6; 6 y **4** son 10; 10 y **1** son 11 (menos 11 son 0); 0 y **1** es 1; 1 y **1** son 2; 2 y **1** son 3; 3 y **0** son 3; 3 y **0** son 3; y por fin, 3 más **10** son 13; 13 menos 11 son **2**, que es el resto buscado.

De nuevo, todo esto ayuda a **detectar que una operación es incorrecta**, pero no garantiza la corrección de la operación, como muestra el siguiente ejemplo:

La suma de **356** más **43** es **399**. Reduciendo a restos cada sumando, **356** es 9 (**6** más **3**) menos 5 —esto es, **4**—; **43** es 14 (**3** más 11) menos 4 —esto es, **10**—. El resto derivado de la suma de 4 y 10 es **3** (4 y 10 son 14; 4 menos 1 es 3), *el mismo dígito* que se obtiene a partir del resultado **399** (**9** más **3** menos 9 es 3); esto indica que la operación podría ser correcta (el resultado **366**, *aunque **es incorrecto**,* también tiene de resto **3** al ser dividido por 11). Sin embargo, **si el resultado hubiera sido 369** podríamos afirmar que *la operación NO era correcta*, pues el resto al dividir **369** por 11 es **6** (**9** más **3** menos 6), *distinto de* **3**.

Capítulo 5
División rápida

El objetivo de este capítulo es conseguir enfrentarse a divisiones relativamente grandes minimizando los errores. Primero vamos a seguir el **método tradicional** de división. El número a ser dividido recibe el nombre de **dividendo**; el **divisor** es aquél por el que dividimos; la operación de división trata de encontrar cuántas veces el dividendo puede contener al divisor (el **cociente** es ese número) y si el dividendo no contiene exactamente al divisor, el **resto** indica la cantidad que se precisa para conseguir la igualdad con el dividendo. Básicamente, la operación a realizar consiste en restar del dividendo todos los múltiplos del divisor posibles. Para minimizar los errores se pueden precalcular los primeros múltiplos del divisor (es mejor hacerlo al menos hasta el décimo pues para multiplicar un número por 10 sólo hay que añadir un cero, lo que permite comprobar la corrección de cada una de las sumas previas —los múltiplos—). Por ejemplo, cojamos como **divisor** el número **73**.

El primer múltiplo es **73** (1); los demás se calculan sumando 73 al resultado previo, a saber: 73 más 73 es **146** (2); más 73 son **219** (3); más 73 son **292** (4); más 73 son **365** (5); más 73 son **438** (6); siete veces 73 son **511** (7); más 73 son **584** (8); más 73 son **657** (9); y más 73 son **730** (10) —coincide con el número resultante de añadir a 73 un cero a su derecha, lo cual verifica que los cálculos son correctos—. *El indicar entre paréntesis el número de veces que está contenido 73 proporciona información valiosa para generar el cociente.*

Consideremos como **dividendo** el número **402**. La división se efectúa cogiendo los dígitos de izquierda a derecha. El primer número (**4**) *es demasiado pequeño;* incluso cogiendo los dos primeros dígitos (**40**) sucede lo mismo (no llega a 73); esto obliga a coger tres dígitos (**402**); ahora simplemente hay que averiguar cuántas veces se puede restar 73 de dicho número, pero es algo que acabamos de calcular. Buscando entre los múltiplos precalculados, *el primero que no sobrepasa* 402 es **365**.

División rápida

El **5** que pusimos antes entre paréntesis significa **5** *veces* **73**, indicando por ello el **cociente** buscado. Así pues, **402** *dividido por* **73** es **5**; pero ¿cuál es el **resto**? Lo que falta para completar 402 a partir de 365, esto es, **37** (402 menos 365 —cálculo que se efectúa cómodamente de la siguiente manera: 400 menos 300 son 100; 100 menos 60 son 40; 40 menos 5 son 35; 35 más 2 son **37**). En definitiva, *73 por 5 más 37 (el **resto**)* son **402**.

Consideremos ahora el dividendo **4 023 254**. Los primeros tres números son los de antes, por lo que podemos continuar a partir del cálculo anterior, pero ¿cómo? Debemos partir del último resto, añadiendo a su diestra el 3 (siguiente dígito a 402 del dividendo), esto es, **37**3. Entre los múltiplos de 73 precalculados el que no sobrepasa es 365 (5 *veces* 73); el **cociente** ahora es **55** y el **resto actual**, 373 menos 365, esto es, **8** (373 menos 360 son 13, diez menos 5 son 5 y más 3 son **8**). El dígito siguiente a *bajar* del dividendo para que forme parte del resto actual integrándolo a su derecha es el **2**. El **dividendo parcial** formado es **82**, del que únicamente se puede restar **una** vez 73; así, el cociente pasa a ser **551** y el nuevo resto **9** (82 menos 73; «82 menos 72 son 10, menos 1 es **9**»). Formamos el **dividendo parcial** «bajando» el 5, a saber, **95**. De nuevo sólo podemos restar **una** vez 73 (cociente actual **5511**), generando un resto de **22** (95 menos 73; «93 menos 73 son 20, más 2 son 22»). Por último, «bajamos» el 4 para formar el dividendo parcial **224**. Consultando los múltiplos de 73 calculados anteriormente, el primero de ellos que no sobrepasa 224 es 219 (**3** *veces* 73). El cociente se actualiza a **55 113** y el **resto** a la diferencia 224 menos 219, a saber, **5** (220 menos 210 son 10; menos 9 es 1; más 4 son 5). Así pues, *73 por 55 113 más 5 (el **resto**)* son **4 023 254**.

Agreguemos dos números más al dividendo para convertirlo en **402 325 4**65. Viendo el párrafo anterior vemos que los dígitos del dividendo que faltan por bajar son **6** y **5**; el cociente actual es **55 113** y el último resto, **5**. El primer dividendo parcial a considerar es **56** (*hemos bajado* el 6). Resulta que este número es menor que 73; no es suficientemente grande, por lo que se ha podido restar 73 **cero** veces (esto establece el cociente actual en **551 130**). Bajamos el siguiente dígito del dividendo (**5**), agregándolo a la derecha del resto actual (56) para formar el dividendo parcial **565**. Ahora, consultando los múltiplos de 73 precalculados vemos que el primero que no sobrepasa 565 es **511** (**7** *veces* 73); el cociente ahora es **5 511 307** y el resto **54** (565 menos 511; «500 menos 500 es cero; 65 menos 11 es **54**»).

Resumiendo: *al dividir el número **402 325 465** entre **73** el cociente es **5 511 307** y el resto es **54**.*

Comprobar que la división es correcta es sencillo; basta multiplicar **73** *por* **5 511 307** y *sumar* **54**; si el resultado es **402 325 465** la operación estará bien realizada. *Más recomendable* es restar primero **54** de **402 325 465** y *mediante alguno de los métodos de multiplicación vistos anteriormente* comprobar que el resultado es igual al producto de **5 511 307** por **73**. Hagámoslo: **65** *menos* **54** *es* «10 más 55 menos 54»; y como «55 menos 54 es 1»; el resultado de la diferencia inicial es 10 + 1 = **11**. Así, la operación **402 325 465** − 54 da como resultado **402 325 4**11. Sólo queda multiplicar **5 511 307** por **73**. Usaremos el *método de los dos dedos* para recordar algunas cosas importantes. Este método utiliza un patrón *UD* (donde *U* consiste en coger el dígito de las unidades del producto al que afecta y *D* coger el de las decenas) que se va desplazando de derecha a izquierda sobre los dígitos del multiplicando. Este patrón está asociado a cada dígito del multiplicador (comenzando por el de más a la derecha y haciendo coincidir inicialmente la *U* del patrón con las unidades del multiplicando), pero por cada posición más a la izquierda del dígito del multiplicador, el patrón se ve desplazado una posición más a la derecha sobre el multiplicando. Hay un patrón *UD* por cada dígito del multiplicador que afecta a éste y a los dígitos del multiplicando sobre los que aplicar dicho patrón.

En nuestro caso, el ***patrón UD*** asociado al **3** del multiplicador se inicia con la **U** situada **sobre el 7** de las unidades del multiplicando y el *patrón* asociado al **7** del multiplicador está desplazado una posición a la derecha, por lo que *no influye* en el multiplicando. Esto determina el **dígito de las unidades del resultado**, a saber, **1** (las unidades de 2**1**; el producto 3 *por* 7).

Notación: *para señalar el acarreo usamos tantos caracteres asterisco (*) como cuantía del acarreo.*

Ahora los patrones asociados a cada dígito del multiplicador se desplazan una posición a la izquierda. El asociado al **3** del multiplicador en este momento ubica la **U** *sobre el dígito de las decenas* del multiplicando (**0**) y la **D** *sobre las unidades* del mismo (**7**) a la vez que el patrón asociado al **7** del multiplicador tiene la **U** *sobre el* *dígito de las unidades* del multiplicando (**7**) y la **D** *sobre la nada* (no afecta). Los sumandos que determinan el dígito buscado son pues: las unidades **U** de 0**0** (3 *por* 0); las decenas **D** de **2**1 (3 *por* 7); y las unidades **U** de 4**9** (7 *por* 7); la suma de **0** más **2** más **9** es **11 (1** unidad y 1 *de acarreo*), definiendo el **dígito de las decenas del resultado** (**1***).

De nuevo los patrones asociados a cada dígito del multiplicador se desplazan una posición a la izquierda. El asociado al **3** del multiplicador ahora tiene la **U** *sobre el dígito de las centenas* del multiplicando (**3**) y la **D** *sobre las decenas* del mismo (**0**); y el patrón asociado al **7** del multiplicador se ubica de forma que la **U** *afecta al dígito de las decenas* del multiplicando (**0**) y la **D** *afecta a las unidades* del mismo (**7**). Los sumandos que determinan el dígito buscado son: las unidades **U** de 0**9** (3 *por* 3); las decenas **D** de **0**0 (3 *por* 0); las unidades **U** de 0**0** (7 *por* 0) y las decenas **D** de **4**9 (7 *por* 7); la suma **9** más **0** más **0** más **4** más **1** *de acarreo* es **14** (**4** unidades y 1 *de acarreo*, que denotamos **4***) y define el **dígito de las centenas del resultado** (**4***). El algoritmo se repite hasta agotar los dígitos del multiplicando; el resultado confirma que **5 511 307** por **73** es **402 325 411**:

0	0	5	5	1	1	3	0	7	×	7	3
4	0*	2*	3*	2*	5	4*	1*	1			
							U	D			21
						U	D	0	7		00 + 21
						U	D			49	
					U	D		3	0		09 + 00
					U	D		0	7	00 + 49	
				U	D			1	3		03 + 09
				U	D			3	0	21 + 00	
			U	D				1	1		03 + 03
			U	D				1	3	07 + 21	
		U	D					5	1		15 + 03
		U	D					1	1	07 + 07	
	U	D						5	5		15 + 15
	U	D						5	1	35 + 07	
U	D							0	5		00 + 15
	U	D						5	5	35 + 35	
	U	D						0	5	00 + 35	

Para facilitar la lectura, en la tabla anterior se han indicado bajo la columna del símbolo «×» los dígitos del multiplicando que entran en juego en cada cálculo.

Adicionalmente *se puede utilizar uno de los métodos de detección de errores* visto anteriormente convirtiendo cada número a un sólo dígito (dividendo, divisor, cociente y resto) para comprobar que dichos dígitos cumplen con la regla clásica: *dividendo es igual al divisor por el cociente más el resto*.

Método rápido de división

Al igual que vimos el método de los dos dedos para multiplicar sin necesidad de una calculadora, existe un método similar para dividir de memoria; pero esta vez necesitamos aumentar la notación del patrón, añadiendo la posibilidad de coger **todos** (**T**) los dígitos del número y no **sólo** las **unidades** (**U**) o las **decenas** (**D**). El patrón debe aplicarse sobre el producto del dígito del divisor afectado por el último dígito del cociente en proceso de cálculo. En la resolución de una división se van a utilizar dos patrones: *uno único* (**TD**) asociado de forma que **T** *coincide con el dígito de mayor ponderación del divisor* (el de más a la izquierda) y *varios* **UD** (uno por cada dígito restante del divisor de manera que la posición de *U* en el patrón *es la misma* que la de dicho dígito) que se van ubicando de izquierda a derecha *(el primero de ellos coincidiendo con la posición D del patrón TD).*

Divisor de un solo dígito

Aquí es únicamente aplicable el patrón *TD* (en realidad sólo *T*), por lo que **coincide con el método de división tradicional**. Consideremos que el *dividendo* es **67** y el *divisor es* **5**:

Para hallar el **primer dígito del cociente** se divide el (o los) dígito(s) de más a la izquierda del dividendo por el divisor (**6** *entre* **5** es **1** —no es 2, porque 5 *por* 2 es 10, sobrepasando 6).

Ahora **se resta** «el resultado de aplicar el *patrón T* al producto **5** *por* **1**» (*T* selecciona **todos los dígitos** de este cálculo, esto es, **5**) «del último dividendo parcial» (**6** menos **5** es **1**) y se forma un **nuevo dividendo parcial** con este número agregado al siguiente dígito del dividendo, esto es, **17**.

Se busca cuántas veces este número contiene al divisor (cuatro veces 5 son 20, sobrepasando 17, por lo que **3** es el *dígito del cociente buscado* —ahora 13 es el cociente «parcial» total). Aplicar el *patrón T* sobre «el producto del *divisor* por el *último dígito del cociente* hallado (5 *por* 3)» es coger todo el número, a saber **15**, que se resta del dividendo parcial (**17**) dando **2**.

Así, el resultado de la división es **13** de cociente y **2** de resto, lo cual es correcto, pues 13 *veces* 5 son «**50** (10 *veces* 5) más **15** (3 *veces* 5)», esto es, **65**; más **2** son **67** (el dividendo).

Divisor de dos dígitos

En este caso se aplican dos patrones: **TD** coincidiendo *T sobre las decenas* y **D** *sobre las unidades* del divisor; **UD** con **U** *sobre las unidades* del divisor y **D** *en el vacío*.

Consideremos el último ejemplo de división visto anteriormente (dividendo **402 325 465** y divisor **73**):

Para el **primer dígito** del cociente hay que buscar el número de veces (no 0) que está contenido el dígito de las decenas del divisor (**7**) en los primeros dígitos de más a la izquierda del dividendo. Como 4 es menor que 7 debemos considerar también el siguiente dígito y ver cuántas veces el número así formado (**40**) contiene a 7 (6 *veces* 7 son 42, que sobrepasa 40). El **primer dígito del cociente** es pues **5**.

110 — Operación Trachtenberg

4	0	2	3	2	5	4	6	5	÷	7	3		
		5	5	1	1	3	0	7	Cociente	T	D	U	Paso
4	2								5	35	15		1
3	7											15	2
	1	3							5	35	15		1
		8										15	2
		1	2						1	07	03		1
			9									03	2
			2	5					1	07	03		1
			2	2								03	2
				1	4				3	21	09		1
					5							09	2
					5	6			0	00	00		1
					5	6						00	2
						5	5		7	49	21		1
						5	4					21	2

Método rápido de división   ***Trachtenberg***

El patrón **TD** es tal que **T** *(coger todos los dígitos) se aplica sobre las decenas* y **D** *(coger sólo las decenas) sobre las unidades* del divisor; y el patrón **U** *(coger sólo las unidades) sobre las unidades* del divisor. Estos patrones *se aplican en 2 pasos* como sigue:

El *PRIMER paso* consiste en **multiplicar el cociente hallado** (5) **por cada dígito del divisor** (73) y **después de aplicar el patrón** correspondiente —*T* sobre el producto por las decenas (5 *por* 7 *son* **35**) es **35** y *D* sobre el producto por las unidades (5 *por* 3 *son* **15**) es el dígito de las decenas, esto es, **1**—, **sumar ambos** (35 más 1 son **36**). Esta suma **se resta del último dividendo parcial** (40 *menos* 36 *son* **4**); el resultado **se agrega a la izquierda del siguiente dígito del dividendo** (42).

En el *SEGUNDO paso* basta **multiplicar el cociente hallado** (5) **por las unidades del divisor** (3) y **después de aplicar el patrón** correspondiente (*U* sobre 5 *por* 3 son las unidades de 1**5**, esto es, **5**) **restar del número hallado en el primer paso** (42 *menos* 5 *son* **37**). El resultado es la parte de más a la izquierda **del nuevo dividendo parcial** *con el que hay que* **repetir todo el proceso de división** (realmente *es el resto* de la división en este punto, pues 402 es 73 *por* 5 más 37).

Los dígitos del dividendo ya usados son **402**, los restantes son **325 465**; el **último dividendo parcial** es el último resto (**37**); el **cociente actual** es 5 y el **divisor** es el mismo (**73**).

Para el **segundo dígito** del cociente hay que buscar el número de veces (no 0) que está contenido el dígito de las decenas del divisor (**7**) en los primeros dígitos de más a la izquierda del último dividendo parcial (**37**). Como **3** es menor que 7 (del divisor **73**) debemos considerar también el siguiente dígito **7** (de 37) y ver cuántas veces el número así formado (**37**) contiene a 7 (6 *veces* 7 son 42; sobrepasa 37). Así, el **segundo dígito del cociente** es **5**.

En el *PRIMER* paso **multiplicamos el cociente hallado** (5) **por cada dígito del divisor** (73) **y después de aplicar el patrón** correspondiente —*T* sobre el producto por las decenas (5 *por* 7 *son* **35**) es **35** y *D* sobre el producto por las unidades (5 *por* 3 *son* **15**) es el dígito de las decenas, esto es, **1**—, **sumamos ambos** (35 más 1 son **36**). Esta suma **se resta del último dividendo parcial** (37 *menos* 36 *es* **1**) y el resultado **se agrega a la izquierda del siguiente dígito del dividendo** (**13**).

En el *SEGUNDO paso* basta **multiplicar el cociente hallado** 5 **por las unidades del divisor** (3) y **después de aplicar el patrón** correspondiente (*U* sobre 5 *por* 3 son las unidades de 15, esto es, **5**) **restar del número hallado en el primer paso** (13 *menos* 5 *son* **8**). Este resultado es la parte de más a la izquierda **del nuevo dividendo parcial** *con el que de nuevo hay que* **repetir** *todo el proceso de división* (ahora **8** es *el resto de la división* en este punto, pues 4023 es 73 *por* 55 más 8).

Los dígitos del dividendo ya usados son **4023**, los restantes son **25 465**; el **último dividendo parcial** *es el último resto* (**8**); el **cociente actual** es **55** y el **divisor** es el mismo (**73**).

Para el **tercer dígito** del cociente hay que buscar el número de veces (no 0) que está contenido el dígito de las decenas del divisor (**7**) en los primeros dígitos de más a la izquierda del último dividendo parcial (**8**). El 8 puede contener solamente **una** vez a 7, así que el **tercer dígito del cociente** es **1**.

En el *PRIMER paso* **multiplicamos el cociente hallado** (1) **por cada dígito del divisor** (73) y **después de aplicar el patrón** correspondiente —*T* sobre el producto por las decenas (1 *por* 7 *son* **07**) es **07** y *D* sobre el producto por las unidades (1 *por* 3 *es* **03**) es el dígito de las decenas, esto es, **0**—, **sumamos ambos** (7 más 0 son **7**). Esta suma **se resta del último dividendo parcial** (8 *menos* 7 *es* **1**) y el resultado **se agrega a la izquierda del siguiente dígito del dividendo** (**12**).

En el *SEGUNDO paso* basta **multiplicar el cociente hallado** (**1**) **por las unidades del divisor** (**3**) y **después de aplicar el patrón** correspondiente (***U*** sobre 1 *por* 3 son las unidades de 03, esto es, **3**) **restar del número hallado en el primer paso** (12 *menos* 3 *son* **9**). Este resultado es la parte de más a la izquierda **del nuevo dividendo parcial** *con el que de nuevo hay que* **repetir** *todo el proceso de división* (ahora **9** es *el resto* *de la división* en este punto, pues 40 232 es 73 *por* 551 más 9; los *dígitos pendientes de usar* del dividendo son **5465**).

El resto del cálculo es similar *(véase la tabla que resume de la división de ejemplo más arriba):*

El **cuarto dígito** del cociente es **1** (**9** *entre* 7 es 1, pues 9 contiene a 7 una sola vez); **7** (***T*** sobre 1 *por* 7) más **0** (***D*** sobre 1 *por* 3) son **7**; **9** *menos* 7 son **2**; **25** (que procede de agregar a la izquierda del siguiente dígito del dividendo el **2** previo) menos **3** (***U*** sobre 1 *por* 3) son **22** (el resto; los *dígitos aún no utilizados* del dividendo

División rápida

son **465**).

El **quinto dígito** del cociente es 3 (*22 entre* 7); 21 (***T*** sobre 3 *por* 7) más **0** (***D*** sobre 3 *por* 3) son las decenas de 03) son **21**; **22** *menos* 21 es **1**; **14** (que procede de agregar el **1** previo a la izquierda del siguiente dígito del dividendo) menos **9** (***U*** sobre 3 *por* 3) son **5** (el resto; los *dígitos aún no utilizados* del dividendo son **65**).

El **sexto dígito** del cociente es **0** (**5** es menor que 7); **0** (***T*** sobre 0 *por* 7) más **0** (***D*** sobre 0 *por* 3) es **0**; **5** *menos* 0 es **5**; **56** (el **5** previo agregado a la izquierda del siguiente dígito del dividendo) menos **0** (***U*** sobre 0 *por* 3) son **56** (el resto; el *dígito aún no utilizado* del dividendo es el **5**).

El **séptimo dígito** del cociente es **7** (*56 entre* 7); **49** (***T*** sobre 7 *por* 7) más **2** (***D*** sobre 7 *por* 3) son **51**; **56** *menos* 51 es **5**; **55** (el **5** recién calculado agregado a la izquierda del siguiente dígito del dividendo) menos **1** (***U*** sobre 7 *por* 3) son **54** (el **resto final**).

*El **séptimo dígito** del cociente **no puede ser 8** pues 56 (**T** sobre 8 por 7) más 2 (**D** sobre 8 por 3) son **57**; y no se puede restar 57 de 56 (sería negativo).*

«En resumen, ***402 325 411*** dividido por ***73*** es ***5 511 307***»

Divisor de tres o más dígitos

En este caso se van a usar **dos patrones**: *uno único* (**TD**) asociado de forma que **T** coincide con *el dígito de más a la izquierda* del divisor, que **se aplica en el primer paso** y *varios **UD*** (uno por cada dígito restante del divisor de manera que la *posición **U** del patrón es la misma* que la de dicho dígito), que se van ubicando de izquierda a derecha *(el primero de ellos coincidiendo con la posición **D** del patrón **TD**)* y **se aplican en los pasos subsiguientes**; *por ejemplo*, con un **divisor** de cinco dígitos, la **distribución de los patrones** sería así:

	DM	UM	Centenas	Decenas	Unidades
Paso 1	T	D			
Paso 2		U	D		
Paso 3			U	D	
Paso 4				U	D
Paso 5					U

T *decenas y unidades*;   **D** *sólo decenas*;   **U** *sólo unidades*

El patrón **actúa sobre el producto** del *dígito del divisor correspondiente* por el *último dígito-cociente* calculado.

División rápida

3	8	6	7	3	0	3	2	÷	4	1	7	5	*Dígitos*
				9	2	6	3	*Cociente*	**T**	**U**	**D**		*Divisor*
	2	6							36		09		4 1
	1	1	7					9		09	63		1 7
	1	1	0	3						63	45		7 5
	1	0	9	8						45			5
		2	9						08		02		4 1
		2	6	8				2		02	14		1 7
		2	6	3	0					14	10		7 5
		2	6	3	0					10			5
			2	3					24		06		4 1
			1	3	0			6		06	42		1 7
			1	2	5	3				42	30		7 5
			1	2	5	3				30			5
				0	5				12		03		4 1
					0	3		3		03	21		1 7
						1	2			21	15		7 5
							7			15			5

La tabla anterior muestra el proceso de división por un número de cuatro cifras, ejemplo que vamos a observar minuciosamente para que el algoritmo quede claro. El dividendo es **38 673 032** y el divisor **4175**.

Para el **primer dígito** del cociente hay que buscar el número de veces (no 0) que está contenido el dígito más significativo divisor (**4**) en los primeros dígitos de más a la izquierda del dividendo. Como 3 es menor que 4 debemos considerar también el siguiente dígito y ver cuántas veces el número así formado (**38**) contiene a 4 (9 *veces* 4 son 36 —menor que 38). El **primer dígito del cociente** es pues **9**.

Cada dígito *calculado* ***del cociente marca un ciclo*** *de tantos pasos como cifras tiene el divisor:*

En el *PRIMER paso* **multiplicamos el cociente hallado** (9) **por cada uno de los dos dígitos de más a la izquierda del divisor** (41) y **después de aplicar el patrón** correspondiente (**T** al *producto por el* **dígito de la izquierda** *del divisor seleccionado* —9 *por* 4 son **36**— y **D** al *producto por el* **dígito de la derecha** *del divisor seleccionado* —9 *por* 1 es **0**9; el dígito de las decenas es **0**), **sumamos ambos** (36 *más* 0 son **36**). Esta suma **se resta del último dividendo parcial** (38 *menos* 36 es **2**) y

División rápida

el resultado **se agrega a la izquierda del siguiente dígito del dividendo** (26).

En el SEGUNDO paso **multiplicamos el cociente hallado** (9) **por cada uno de los dos dígitos del divisor elegidos** *a partir del segundo* **de más a la izquierda** (17) y **después de aplicar el patrón** correspondiente (*U* al *producto por* **el dígito de la izquierda** *del divisor seleccionado* —9 *por* 1 es 0**9**; el dígito de las unidades es **9**— y *D* al *producto por* **el dígito de la derecha** *del divisor seleccionado* —9 *por* 7 es **6**3; el dígito de las decenas es **6**), **se suman ambos** (9 *más* 6 son **15**) y el resultado **se resta del último dividendo parcial** (26 *menos* 15 son **11**) y **se agrega a la izquierda del siguiente dígito del dividendo**, esto es, **11**7.

En el TERCER paso **multiplicamos el cociente hallado** (9) **por cada uno de los dos dígitos del divisor elegidos** *a partir del tercero* **de más a la izquierda** (75) y **después de aplicar el patrón** correspondiente (*U* al *producto por* **el dígito de la izquierda** *del divisor seleccionado* —9 *por* 7 son 6**3**; el dígito de las unidades es **3**— y *D* al *producto por* **el dígito de la derecha** *del divisor seleccionado* —9 *por* 5 es **4**5; el dígito de las decenas es **4**), **se suman ambos** (3 *más* 4 son **7**) y el resultado **se resta del último dividendo parcial** (117 *menos* 7 son **110**) y **se agrega a la izquierda del dígito siguiente del dividendo** (**110**3).

En el *CUARTO paso*, como el divisor tiene cuatro cifras, basta **multiplicar el cociente hallado** (9) **por las unidades del divisor** (5) y **después de aplicar el patrón** correspondiente (*U* sobre 9 *por* 5; las unidades de 4**5** son **5**) **restar del número hallado en el paso anterior** (1103 *menos* 5 son **1098** —100 *menos* 5 son 95, más 3 son 98 y más 1000 son **1098**). El resultado es la parte de más a la izquierda del **nuevo dividendo parcial** con el que *hay que repetir todo el proceso de división* (ahora **1098** es **el resto** *de la división (en este punto), ya que* 38 673 es 37 575 (9 *veces* 4175) más 1098; los *dígitos aún no utilizados* del dividendo principal son **032**).

«El dividendo actual es **1098 032**.»

Para el **segundo dígito** del cociente hay que buscar el número de veces (no 0) que está contenido el dígito más significativo del divisor (**4**) en los primeros dígitos de más a la izquierda del dividendo actual **1098**. Como 1 es menor que 4 debemos considerar también el siguiente dígito y ver cuántas veces el número así formado (**10**) contiene a 4 (3 *veces* 4 sobrepasa 10). El

segundo dígito del cociente es pues **2**.

De nuevo se repiten los 4 pasos anteriores (tantos como cifras tiene el divisor):

En el *PRIMER paso* **multiplicamos el cociente hallado** (2) **por cada uno de los dos dígitos de más a la izquierda del divisor** (41) y **después de aplicar el patrón** correspondiente (*T* al *producto por el* **dígito de la izquierda** *del divisor seleccionado* —2 *por* 4 son **08**— y *D* al *producto por el* **dígito de la derecha** *del divisor seleccionado* —2 *por* 1 es **02**; el dígito de las decenas es **0**), **sumamos ambos** (8 *más* 0 son **8**). Esta suma **se resta del último dividendo parcial** (10 *menos* 8 son **2**) y el resultado **se agrega a la izquierda del siguiente dígito del dividendo** (2**9**).

En el *SEGUNDO paso* **multiplicamos el cociente hallado** (2) **por cada uno de los dos dígitos del divisor elegidos** *a partir del segundo* **de más a la izquierda** (17) y **después de aplicar el patrón** correspondiente (*U* al *producto por* **el dígito de la izquierda** *del divisor seleccionado* —2 *por* 1 es **02**; el dígito de las unidades es **2**— y *D* al *producto por* **el dígito de la derecha** *del divisor seleccionado* —2 *por* 7 son **14**; el dígito de las decenas es **1**), **se suman ambos** (2 *más* 1 son **3**) y el resultado **se resta del último dividendo parcial** (29 *menos* 3 son **26**) y **se agrega a la izquierda del siguiente dígito del dividendo**, esto es, **26**8.

En el *TERCER paso* **multiplicamos el cociente hallado** (2) **por cada uno de los dos dígitos del divisor elegidos** *a partir del tercero* **de más a la izquierda** (75) y **después de aplicar el patrón** correspondiente (*U* al *producto por* **el dígito de la izquierda** *del divisor seleccionado* —2 *por* 7 son **1**4; el dígito de las unidades es **4**— y *D* al *producto por* **el dígito de la derecha** *del divisor seleccionado* —2 *por* 5 son **1**0; el dígito de las decenas es **1**), **se suman ambos** (4 *más* 1 son **5**) y el resultado **se resta del último dividendo parcial** (268 *menos* 5 son **263**) y **se agrega a la izquierda del dígito siguiente del dividendo** (**263**0).

En el *CUARTO paso*, como el divisor tiene cuatro cifras, basta **multiplicar el cociente hallado** (2) **por las unidades del divisor** (5) y **después de aplicar el patrón** correspondiente (*U* sobre 2 *por* 5; las unidades de **1**0 son **0**) **restar del número hallado en el paso anterior** (2630 *menos* 0 son **2630**). El resultado es la parte de más a la izquierda del **nuevo dividendo parcial** con el que *hay que repetir todo el proceso de división* (ahora

2630 es *el resto* de la división (en este punto), ya que 386 730 es 384100 (92 *veces* 4175) más 2630; los *dígitos aún no utilizados* del dividendo principal son **32**).

«El dividendo actual es **2630 32**»

Para el **tercer dígito** del cociente hay que buscar el número de veces (no 0) que está contenido el dígito más significativo divisor (**4**) en los primeros dígitos de más a la izquierda del dividendo actual (**2630**). Como 2 es menor que 4 hay que considerar también el siguiente dígito y ver cuántas veces el número así formado (**26**) contiene a 4 (7 *veces* 4 sobrepasa 26). El **tercer dígito del cociente** es pues **6**.

De nuevo se repiten los 4 pasos anteriores (tantos como cifras tiene el divisor):

En el *PRIMER paso* **multiplicamos el cociente hallado** (6) **por cada uno de los dos dígitos de más a la izquierda del divisor** (41) y **después de aplicar el patrón** correspondiente (*T* al *producto por el **dígito de la izquierda** del divisor seleccionado* —6 *por* 4 son **24**— y **D** al *producto por el **dígito de la derecha** del divisor seleccionado* —6 *por* 1 es **06**; el dígito de las decenas es **0**), **sumamos ambos** (24 *más* 0 son **24**). Esta suma **se resta del último dividendo parcial** (26 *menos* 24 son **2**) y el resultado **se agrega a la izquierda del siguiente dígito del dividendo** (23).

En el *SEGUNDO paso* **multiplicamos el cociente hallado** (6) **por cada uno de los dos dígitos del divisor elegidos** *a partir del segundo* **de más a la izquierda** (17) y **después de aplicar el patrón** correspondiente (*U* al *producto por* **el dígito de la izquierda** *del divisor seleccionado* —6 *por* 1 es 0**6**; el dígito de las unidades es **6**— y *D* al *producto por* **el dígito de la derecha** *del divisor seleccionado* —6 *por* 7 son **4**2; el dígito de las decenas es **4**), **se suman ambos** (6 *más* 4 son **10**) y el resultado **se resta del último dividendo parcial** (23 *menos* 10 son **13**) y **se agrega a la izquierda del siguiente dígito del dividendo**, esto es, **13**0.

En el *TERCER paso* **multiplicamos el cociente hallado** (6) **por cada uno de los dos dígitos del divisor elegidos** *a partir del tercero* **de más a la izquierda** (75) y **después de aplicar el patrón** correspondiente (*U* al *producto por* **el dígito de la izquierda** *del divisor seleccionado* —6 *por* 7 son 4**2**; el dígito de las unidades es **2**— y *D* al *producto por* **el dígito de la derecha** *del divisor seleccionado* —6 *por* 5 son **3**0; el dígito de las decenas es **3**), **se suman ambos** (2 *más* 3 son **5**) y el

resultado **se resta del último dividendo parcial**
(130 *menos* 5 son **125**) y **se agrega a la izquierda del dígito siguiente del dividendo** (**125**3).

En el *CUARTO paso*, como el divisor tiene cuatro cifras, basta **multiplicar el cociente hallado** (6) **por las unidades del divisor** (5) y **después de aplicar el patrón** correspondiente (***U*** sobre 6 *por* 5; las unidades de 30 son **0**) **restar del número hallado en el paso anterior** (1253 *menos* 0 son **1253**). El resultado es la parte de más a la izquierda del **nuevo dividendo parcial** con el que *hay que repetir todo el proceso de división* (ahora **1253** es *el resto de la división (en este punto), ya que 3 867 303 es 3 866 050 (926 veces 4175) más 1253; el dígito aún no utilizado* del dividendo principal es **2**).

«El dividendo actual es **1253 2**»

Para el **cuarto dígito** del cociente (el último entero) hay que buscar el número de veces (no 0) que está contenido el dígito más significativo divisor (**4**) en los primeros dígitos de más a la izquierda del dividendo actual (**1253**). Como 1 es menor que 4 también hay que considerar el siguiente dígito y determinar cuántas veces el número así formado (**12**) contiene a 4 (3 *veces* 4 son 12). El **cuarto dígito del cociente** es pues **3**.

Para finalizar sólo resta repetir los cuatro pasos anteriores (tantos como cifras tiene el divisor):

En el *PRIMER paso* **multiplicamos el cociente hallado** (3) **por cada uno de los dos dígitos de más a la izquierda del divisor** (41) y **después de aplicar el patrón** correspondiente (*T* al *producto por el **dígito de la izquierda** del divisor seleccionado* —3 *por* 4 son **12**— y *D* al *producto por el **dígito de la derecha** del divisor seleccionado* —3 *por* 1 es **03**; el dígito de las decenas es **0**), **sumamos ambos** (12 *más* 0 son **12**). Esta suma **se resta del último dividendo parcial** (12 *menos* 12 son **0**) y el resultado **se agrega a la izquierda del siguiente dígito del dividendo** (05).

En el *SEGUNDO paso* **multiplicamos el cociente hallado** (3) **por cada uno de los dos dígitos del divisor elegidos** *a partir del segundo* **de más a la izquierda** (17) y **después de aplicar el patrón** correspondiente (*U* al *producto por **el dígito de la izquierda** del divisor seleccionado* —3 *por* 1 es **03**; el dígito de las unidades es **3**— y *D* al *producto por **el dígito de la derecha** del divisor seleccionado* —3 *por* 7 son **21**; el dígito de las decenas es **2**), **se suman ambos** (3 *más* 2 son **5**) y el resultado **se resta del último dividendo parcial**

(5 *menos* 5 es **0**) y **se agrega a la izquierda del dígito siguiente del dividendo**, esto es, **03**.

En el *TERCER paso* **multiplicamos el cociente hallado** (3) **por cada uno de los dos dígitos del divisor elegidos** *a partir del tercero* **de más a la izquierda** (75) y **después de aplicar el patrón** correspondiente (*U* al *producto por* **el dígito de la izquierda** *del divisor seleccionado* —3 *por* 7 son **21**; el dígito de las unidades es **1**— y *D* al *producto por* **el dígito de la derecha** *del divisor seleccionado* —3 *por* 5 son **15**; el dígito de las decenas es **1**), **se suman ambos** (1 *más* 1 es **2**), **se resta del último dividendo parcial** (3 *menos* 2 es **1**) y el resultado **se agrega a la izquierda del dígito siguiente del dividendo** (**12**).

En el *CUARTO paso*, como el divisor tiene cuatro cifras, basta **multiplicar el cociente hallado** (3) **por las unidades del divisor** (5) y **después de aplicar el patrón** correspondiente (*U* sobre 3 *por* 5 es **5**) **restar del número hallado en el paso anterior** (12 *menos* 5 son **7**). El resultado es la parte del extremo izquierdo del **nuevo dividendo parcial** con el que *habría que repetir todo el proceso de división* para obtener los decimales de la división, pero no es el caso (**7** es el **resto** de la división).

Operación Trachtenberg

0	0	0	0	4	1	7	5	×	9	2	6	3
3	8	6**	7*	3**	0*	2	5					
						U	D					15
						U	D	7 5 × 3				21 + 15
							U	5 × 6				30
					U	D		1 7 × 3				03 + 21
					U	D		7 5 × 6				42 + 30
				U	D			4 1 × 3				12 + 03
				U	D			1 7 × 6				06 + 42
				U	D			7 5 × 2		14 + 10		
					U			5 × 9		45		
			U	D				0 4 × 3				00 + 12
			U	D				4 1 × 6				24 + 06
			U	D				1 7 × 2		02 + 14		
			U	D				7 5 × 9		63 + 45		
		U	D					0 4 × 6				00 + 24
		U	D					4 1 × 2		08 + 02		
		U	D					1 7 × 9		09 + 63		
			U	D				4 1 × 9		36 + 09		

La tabla anterior muestra el producto del divisor (**4175**) por el cociente (**9263**). El resultado proporcionado por este cálculo es **38 673 025**, que sumado al resto de la división (**7**) es **38 673 032** (el dividendo). Esto asegura que todas las operaciones efectuadas son correctas.

Capítulo 6
Cuadrados y sus raíces

Si representamos un número N mediante una línea recta de idéntica longitud a su magnitud, *podemos adicionar N de esas líneas* (cada una adyacente a la anterior) para formar una superficie. Su área es *N veces N* y resulta ser un cuadrado. El producto «N por N» se llama **cuadrado** *de un número.*

La *operación inversa* del cuadrado de un número recibe el nombre de **raíz cuadrada** de dicho número y consiste en *hallar el número N que al cuadrado da como resultado N por N.*

Para *fijar ideas*, nada mejor que un **ejemplo**: *el producto* **7** *por* **7** *recibe el nombre de* **cuadrado de** *7 y es* **49**; *el número* **7** ***es su raíz cuadrada***.

Cuadrado de un número

Números de una cifra

El cuadrado de un número de una cifra es sencillo. *Hay sólo 10 números de un dígito* (**0**, **1**, **2**, **3**, **4**, **5**, **6**, **7**, **8** y **9**) y *sus cuadrados respectivos* son **0**, **1**, **4**, **9**, **16**, **25**, **36**, **49**, **64** y **81**.

Números de dos cifras

Recordemos primero cómo se multiplicaban de forma rápida dos números de dos cifras con un ejemplo, a saber, **32** *por* **19** (cuyo producto es **608**):

Las **unidades del resultado** (**8**) son el producto de las unidades de cada uno de los factores (**2** de **32** y **9** de **19**); **2** *por* **9** son **18** (se produce **1** *de acarreo*).

Las **decenas del resultado** (**0**) son la suma del acarreo anterior (**1**) y dos sumandos más (generados mediante el producto de las decenas de uno de los factores por las unidades del otro), a saber, **27** (**3** *por* **9** —los **extremos de** **32** **19**); y **2** (**2** *por* **1** —los **medios de** **32** **19**); **27** más **2** más **1** *de acarreo* son **30** (**0** unidades y **3** *de acarreo*).

Cuadrados y sus raíces

Las **centenas del resultado** (**6**) son la suma del acarreo anterior (**3**) con el producto de los dígitos de las decenas de los operandos (3 *por* 1 es **3**); 3 más 3 son **6**.

Si *multiplicando* y *multiplicador* **son** *dos números de dos cifras* **idénticos** estamos calculando el **cuadrado de un número** *de dos cifras:*

- Las **unidades del resultado** son el *cuadrado de sus unidades; puede generarse acarreo.*

- Las **decenas del resultado** son el *acarreo anterior* sumado a **dos** *veces «el producto de sus unidades por sus decenas»; puede generarse acarreo.*

- Las **centenas y millares del resultado** son el *cuadrado de sus decenas* más *el acarreo* anterior (si existe).

Números de dos cifras terminados en 5

Para calcular el cuadrado de un número terminado en 5 basta multiplicar el dígito de sus decenas por el número resultante de «*sumar* **1**» a dicho dígito y a la diestra de este resultado agregar **25** como *decenas y unidades.* Por ejemplo: **15** *por* **15** son **225** (pues 1 *por* «1 + **1**» es **2**) y **75** *por* **75** son **56**25 (pues 7 *por* «7 + **1**» son **56**).

Veamos *por qué funciona* esta regla:

Las **unidades del resultado** van a ser **siempre 5**, pues proceden del producto de 5 *por* 5, esto es 2**5** (**5** unidades y 2 *de acarreo*).

Las **decenas del resultado** son **siempre 2**, pues como vimos, son 2 veces «5 por el *dígito de las decenas del número que estamos elevando al cuadrado»*, dígito que **determina el acarreo actual**, ya que 2 *por* 5 son 10 y multiplicar un número por 10 es añadir un 0 a su derecha, razón por la cual las *decenas del resultado* son siempre el acarreo previo, es decir, **2** y *el* **acarreo actual son las decenas** *del número original*.

Las **centenas y millares del resultado** son el *dígito de las decenas* del número que estamos elevando al cuadrado, *multiplicado por sí mismo* y *sumado a sí mismo (el* **acarreo anterior***)*. Pero denotando D a las decenas, esta operación es (D *por* D) más D, que sacando factor común a D equivale a D *por* (D *más* 1), esto es, *el dígito de las decenas por el número resultante de sumar 1 a dicho dígito.*

Con un *ejemplo* concreto se ve mejor: **35** *por* **35** son **12**25, ya que (3 *por* 3) más 3 —ó equivalentemente 3 *por* (3 *más* 1)— es **12**.

Cuadrados y sus raíces 135

Números de dos cifras cuya decena es 5

Para calcular el cuadrado de un número cuya decena es 5 basta poner como *unidades y decenas* del resultado, el **cuadrado de sus unidades** y como *centenas y millares* del resultado, dichas **unidades** más **25**.

Suponiendo que *el número que queremos elevar al cuadrado es N*, veamos *por qué funciona* esta regla:

Las **unidades del resultado** van a ser **siempre** *las unidades del producto del dígito de las unidades de N por sí mismo.*

Las **decenas del resultado** se calculan sumando al acarreo anterior el producto de las unidades de N por 5 y por 2 (esto es, por 10); como multiplicar un número por 10 es añadir un 0 a su derecha, las **decenas del resultado** son el acarreo anterior (el cual procede de las decenas del «cuadrado del dígito de las unidades de N» —*aunque sean cero*—) y **el acarreo actual** lo constituye el producto de las **unidades de N** por el 1 de **10**.

Las **centenas y millares del resultado** se calculan **sumando 25** (el dígito de las decenas de N al cuadrado) **a las unidades de** N (el acarreo anterior).

Ejemplos rápidos *(todos los casos):*

(**50** *por* **50** *son* **2500**): 25 más 0 son **25**; 0 *por* 0 es **00**; el *cuadrado de* **50** es **25**00.

(**51** *por* **51** *son* **2601**): 25 más 1 son **26**; 1 *por* 1 es **01**; el *cuadrado de* **51** es **26**01.

(**52** *por* **52** *son* **2704**): 25 más 2 son **27**; 2 *por* 2 son **04**; el *cuadrado de* **52** es **27**04.

(**53** *por* **53** *son* **2809**): 25 más 3 son **28**; 3 *por* 3 son **09**; el *cuadrado de* **53** es **28**09.

(**54** *por* **54** *son* **2916**): 25 más 4 son **29**; 4 *por* 4 son **16**; el *cuadrado de* **54** es **29**16.

(**55** *por* **55** *son* **3025**): 25 más 5 son **30**; 5 *por* 5 son **25**; el *cuadrado de* **55** es **30**25.

(**56** *por* **56** *son* **3136**): 25 más 6 son **31**; 6 *por* 6 son **36**; el *cuadrado de* **56** es **31**36.

(**57** *por* **57** *son* **3249**): 25 más 7 son **32**; 7 *por* 7 son **49**; el *cuadrado de* **57** es **32**49.

(**58** *por* **58** *son* **3364**): 25 más 8 son **33**; 8 *por* 8 son **64**; el *cuadrado de* **58** es **33**64.

(**59** *por* **59** *son* **3481**): 25 más 9 son **34**; 9 *por* 9 son **81**; el *cuadrado de* **59** es **34**81.

Cuadrados y sus raíces

La siguiente tabla **contiene los cuadrados** de los cien primeros enteros (de **0** a **99**); aprenderla incrementa considerablemente la rapidez a la hora de hacer cálculos de memoria; las **filas indican las decenas** del número y **las columnas sus unidades**, esto es, *la casilla de fila a la derecha del 3 y la columna bajo el 8 ubica el cuadrado de 38, a saber, 1444.*

Cuadrado *de los números de* **0** *a* **99**

	0	**1**	**2**	**3**	**4**	**5**	**6**	**7**	**8**	**9**
0	0	1	4	9	16	**25**	36	49	64	81
1	100	121	144	169	196	**225**	256	289	324	361
2	400	441	484	529	576	**625**	676	729	784	841
3	900	961	1024	1089	1156	**1225**	1296	1369	1444	1521
4	1600	1681	1764	1849	1936	**2025**	2116	2209	2304	2401
5	**2500**	**2601**	**2704**	**2809**	**2916**	**3025**	**3136**	**3249**	**3364**	**3481**
6	3600	3721	3844	3969	4096	**4225**	4356	4489	4624	4761
7	4900	5041	5184	5329	5476	**5625**	5776	5929	6084	6241
8	6400	6561	6724	6889	7056	**7225**	7396	7569	7744	7921
9	8100	8281	8464	8649	8836	**9025**	9216	9409	9604	9801

La casilla (**fila D, columna U**) *es el cuadrado* $(10 \cdot D + U)^2$
$(P.Ej., la\ casilla\ (\mathbf{3}, \mathbf{1})\ ubica\ \mathbf{31^2} = 961)$

Números de tres o más cifras

El algoritmo que vamos a explorar aquí se apoya en el método que acabamos de ver para obtener el cuadrado de un número de dos cifras. Elegimos **265** como víctima de tres cifras por ser bastante amigable en el cálculo.

Paso	Cálculos			Trachtenberg				
Paso 1	265	65^2			4	2	2	5
Paso 2	265	$2 \cdot (2 \cdot 5)$			2	0		
		+			6	2	2	5
Paso 3	265	$2 \cdot (2 \cdot 6)$	2	4				
		+		3	0	2	2	5
Paso 4	265	2^2	4	+				
	265	265^2		7	0	2	2	5

El **primer paso** consiste en calcular el cuadrado de los dos dígitos de más a la derecha del número (**65**). Como termina en 5, sólo hay que multiplicar **6** *por* 7 y añadir **25** para obtener el resultado, a saber **4225**.

En el **segundo paso** se calcula el producto del dígito de las centenas (**2**) por el de las unidades (**5**) de 26**5** (denominado **producto cruzado**) y **se duplica** (**2** *por* **5** son **10**; el *doble de* **10** es **20**). Este número se suma a los dígitos más significativos de **42**25 (**42** más **20** son **62**) conservando el resto, esto es, **62**25.

A partir de aquí se usa el algoritmo para obtener el cuadrado de un número de dos cifras sobre los dos dígitos más significativos de **26**5 *pero obviando elevar las unidades al cuadrado, esto es, el cálculo se reduce a duplicar el producto* **2** *por* **6** *y elevar al cuadrado las decenas de* **26***; veamos cómo:*

En el **tercer paso** se calcula el producto del dígito de las *centenas* (**2**) por el de las *decenas* (**6**) de **26**5 (**2** *por* **6** son **12**) y **se duplica** (el *doble de* **12** son **24**); este resultado se suma a **6**225 por la izquierda de forma que el **4** de 24 *coincide en posición con el dígito más significativo* de **6**225 (**24** *más* **6** son **30**), conservando el resto, esto es **30** 225.

En el **cuarto paso** se calcula el *cuadrado del dígito de las centenas* de **2**65 (**2** *por* **2** son **4**) y se suma al dígito más significativo de **3**0 225 (**3** *más* **4** son **7**), conservando el resto, a saber, **70 225**.

Como comprobación, multipliquemos **265** por sí mismo por el *método de los dos dedos* para ver que el producto es igual a **70 225**:

0	0	0	2	6	5	×	2	6	5
0	7	0*	2*	2	5				
				U	D				25
			U	D		6 5 × 5			30 + 25
				U		5 × 6		30	
		U	D			2 6 × 5			10 + 30
		U	D			6 5 × 6		36 + 30	
			U			5 × 2	10		
	U	D				0 2 × 5			00 + 10
	U	D				2 6 × 6		12 + 36	
		U	D			6 5 × 2	12 + 10		
	U	D				0 2 × 6		00 + 12	
		U	D			2 6 × 2	04 + 12		
		U	D			0 2 × 2	00 + 04		

Método de los dos dedos   ***Trachtenberg***

Cuadrados y sus raíces

El algoritmo que hemos visto para hallar el cuadrado de un número de tres cifras **puede extenderse a cuatro o más cifras**:

Paso	Cálculos			Trachtenberg					
1	32**65**	**65²**				4	2	2	5
2	32**65**	2·(**2**·**5**) +				2 6	0 2	2	5
3	3**2**65	2·(**2**·**6**) +			2 3	4 0	2	2	5
4	32**6**5 32**65**	**2²** **265²**			4 7	0	2	2	5
5	3**2**65	2·(**3**·**65**) +		3 4	9 6	0 0	2	2	5
6	3**2**65	2·(**3**·**2**) +	1 1	2 6	6	0	2	2	5
7	**3**265 **3265**	**3²** **3265²**	0 1	9 0	6	6	0	2	2 5

Se aprovechan los cuatro primeros pasos. El nuevo dígito (**3**) genera *un sumando por cada paso:*

- En el *paso* **5**, se multiplica por los dígitos menos significativos de **2**6**5** y se duplica.

- En los *pasos* **6** y **7**, se une al dígito más significativo de **2**65 formando el número 32 que es **elevado al cuadrado** (obviando el cuadrado de las unidades).

La siguiente tabla aprovecha los cálculos previos para demostrar que *el algoritmo es válido para una cifra más:*

Pasos 1 a 7 (*previos*)	*Cálculos*	*Trachtenberg*
	3265^2	1 0 6 6 0 2 2 5
Paso 5 (*nuevo*)	$2 \cdot (5 \cdot 265)$	2 6 5 0
	+	3 7 1 6 0 2 2 5
Paso 6 (*nuevo*)	$2 \cdot (5 \cdot 3)$	3 0
	+	3 3 7 1 6 0 2 2 5
Paso 7 (*nuevo*)	$5 \cdot 5$	2 5 +
	53265^2	2 8 3 7 1 6 0 2 2 5

Raíz cuadrada de un número

Si consideramos el número N y lo multiplicamos por sí mismo obtenemos $N \cdot N$ *(esto es, lo hemos elevado al cuadrado)*. La **raíz cuadrada** del **radicando** $N \cdot N$ es N, lo cual se denota así: $\sqrt{N \cdot N} = \sqrt{N^2} = \sqrt[2]{N^2} = N^{\frac{2}{2}} = N^1 = N$.

$\sqrt{2}$ 6 1 8 0 3 3	Cálculos	1 6 1 8	
1	1^2	*Raíz* parcial	
1 6 1	$R = 2 - 1$	$(\cdot 2)$	Raíz
1 5 6	$26 \cdot 6$	2	1
5 8 0	$161 - 156$		
3 2 1	$321 \cdot 1$	32	16
2 5 9 3 3	$580 - 321$		
2 5 8 2 4	$3228 \cdot 8$	322	161
(*Resto*) 1 0 9	$933 - 824$	*Raíz*	1618

Esto muestra el **cálculo tradicional** de la *raíz cuadrada*. Se verifica que la **raíz** al cuadrado (**1618^2 es 2 617 924**) más el **resto** (**109**) es el **radicando** (**2 618 033**).

El algoritmo es el siguiente:

Se separan de *derecha a izquierda* y de *dos en dos* los dígitos del radicando **2 61 80 33**.

Se busca *el mayor cuadrado menor o igual* que el número del radicando de más a la izquierda aún no utilizado del paso anterior (**2**). El *cuadrado de* 2 es 4 (sobrepasa 2) por lo que la **primera raíz parcial** es **1**, **cuyo cuadrado se resta** del **2** del radicando (**2** *menos* **1** es **1**).

Se forma un número con el resultado anterior (**1**) agregado a la izquierda de los dos siguientes dígitos del radicando (**61**), esto es, **161**.

Se duplica la raíz parcial (**1** *por* **2** es **2**); se forma un número con un *dígito agregado a su derecha* (**26**) y *se multiplica por dicho dígito* (**6**); el resultado (26 *por* 6 son **156**) *no debe sobrepasar* **161**.

Se halla el **residuo parcial** mediante la operación **161** *menos* **156**. En este punto, **261** es **16** *por* **16** más **5**.

Se forma un número con el resultado anterior (**5**) agregado a la izquierda de los dos siguientes dígitos del radicando (**80**), esto es, **5**80.

Se duplica la raíz parcial (**16** *por* 2 es **32**); se forma un número con un *dígito agregado a su derecha* (**32**1) y *se multiplica por dicho dígito* (1); el producto (321 *por* 1 son **321**) *no debe sobrepasar* **580** (322 *por* 2 son 644).

Se halla el **residuo parcial** mediante la operación **580** *menos* **321**, a saber, **259**. En este punto, **26 180** es **161** *por* **161** más **259**.

Se forma un número con el resultado anterior (**259**) agregado a la izquierda de los dos siguientes dígitos del radicando (**33**), esto es, **25 9**33.

Se duplica la raíz parcial (**161** *por* 2 es **322**); se forma un número con un *dígito agregado a su derecha* (**3 22**8) y *se multiplica por dicho dígito* (8); el resultado de esta operación (3 228 *por* 8 son **25 824**) *no puede sobrepasar* **25 933**.

Se halla el **residuo parcial** mediante la diferencia **25 933** *menos* **25 824**, a saber, **109**. Hemos llegado al final: *el radicando* **2 618 033** *es* **1618** *por* **1618** *más* **109**.

Este algoritmo no es el que se usará de aquí en adelante sino el ideado por Trachtenberg (basado en el cálculo del cuadrado de un número que ya vimos).

Números de dos cifras

Cada una de las **raíces cuadradas** de un número de **dos cifras** *procede de uno de los números del 0 al 9.* La **raíz cuadrada** de **0**, **1**, **4**, **9**, **16**, **25**, **36**, **49**, **64** y **81** es **0**, **1**, **2**, **3**, **4**, **5**, **6**, **7**, **8** y **9**, respectivamente.

Números de tres o cuatro cifras

Al calcular el cuadrado de un número de dos cifras se genera otro de al menos tres (pues **10** *por* **10** son **100**). Veamos al detalle el **método de Trachtenberg** mientras calculamos la **raíz cuadrada** de **729**, radicando de tres cifras que **no produce residuo** pues el *cuadrado de su raíz (27 por 27)* es el justo el *radicando:*

Paso **1**. Se separan de *derecha a izquierda* y de *dos en dos* los dígitos del radicando (**7 29**).

Cuadrados y sus raíces

$\sqrt{7}$	2	9	Cálculos	2 7 Raíz
4			$R = 7 - 4$	$2^2 \quad 2\cdot(2\cdot 7) \quad 7^2$ (0̶4 $\quad$ 28 $\quad$ 49)
3	0 2	9	$0 = R - 3$	3 2 9
(15)	2	9	$R = 29 - 29$	3̶ 2 9
	0	0	($R = Resto$)	T r a c h t e n b e r g

Paso 2. Se busca (por tanteo) *el mayor cuadrado menor o igual* que el número del radicando de más a la izquierda aún no utilizado del paso anterior (**7**); 3 *por* 3 son 9 (sobrepasa 7), pero 2 *por* 2 son 4 (menor que 7). El dígito encontrado (**2**) constituye *el primero de más a la izquierda de la raíz*.

Paso 3. Se **resta** el cuadrado del primer dígito de la raíz (2 *por* 2 son **4**) del seleccionado del radicando en el paso anterior (**7** *menos* **4** son **3**).

Paso 4. Se toma la mitad del número calculado en el paso anterior (3 *dividido* 2 truncado es **1**) y *se agrega* un 0 tras él (**10**, sin embargo, como 3 *entre* 2 es más que 1 y menos que 2, seleccionamos mejor un número entre 10 y 20, a saber, **15**); a continuación, se divide este número por el primer dígito de la raíz y se trunca (la división truncada de 15 *entre* 2 es **7**). Esta es la **previsión** para el siguiente dígito de la raíz.

Paso 5. Con la respuesta actual prevista para la raíz (**27**) se aplica el algoritmo que vimos para elevar un número al cuadrado:

- Se calcula el cuadrado de las unidades (7 *por* 7 son **49**) y se escriben los **dos dígitos** bajo las unidades de la raíz.
- Se multiplican las unidades por las decenas y se duplica el resultado (2 *por* 7 son 14; 14 *por* 2 son **28**); los **dos dígitos** se sitúan bajo las decenas de la raíz.
- Se calcula el cuadrado de las decenas (2 *por* 2 son **04**); estos **dos dígitos** se ubican a la izquierda de los dos números anteriores bajo la raíz, pero no los necesitamos (~~04~~ **28 49**).

Las unidades de **28** colapsan con las decenas de **4**9 en **2**

(**4** *más* **8** son **12** —**2** unidades y **1** *de acarreo*); el acarreo se propaga hasta el dígito más significativo de 28 (**2** *más* **1** son **3**) el cual se transforma de este modo en **3**; como el número resultante (**3**) no tiene más que un dígito no se produce colapso con las unidades de 04 que permanece invariable y **puede ser ignorado**, *quedando sólo los tres números a su derecha* (**3 2 9**), que ponemos también bajo la raíz. Se resta el primero de ellos del residuo actual (**3**), resultado (**3** *menos* **3** es **0**) que se agrega a la izquierda del siguiente grupo de dos dígitos del radicando aún no utilizados (**2 9**) de manera que forme una entidad con el más significativo (**02 9**).

Del número así formado se restan los 2 dígitos de la derecha de (3̶ **2 9**), determinando que **00** es el resto de la radicación (**02** *menos* **2** es **0**; **9** *menos* **9** es **0**).

*Resumiendo, la **raíz cuadrada** de 729 es 27 y el **residuo o resto** es 0.*

El **siguiente ejemplo** también tiene un **radicando** de **tres cifras** (**157**), pero esta vez la **raíz** cuadrada (**12**)

no es **exacta,** sino que produce un **resto** o **residuo** (13). El ejemplo muestra que *hay que ser flexible* a la hora de hacer las operaciones para llegar a la solución correcta:

$\sqrt{1}$	5	7	*Cálculos*	1	2	*Raíz*
1			$R = 1 - 1$	1^2 (0̶1̶	$2 \cdot (1 \cdot 2)$ 04	2^2 04)
0	0 5	7	$0 = R - 0$	0	4	4
(00)	4	4	$R = 57 - 44$	0̶	4	4
	1	3	(R = *Resto*)		*T r a c h t e n b e r g*	

Para **resolver la raíz cuadrada de 157** separamos sus dígitos de *derecha a izquierda* y de *dos en dos* (**1 57**); 1 *al cuadrado* es 1; el primer residuo es 0 (1 *menos* 1); calculamos cuál puede ser el **segundo dígito de la raíz** (0 *entre* 2 es 0; añadirle otro cero es **00**; 00 dividido por el primer dígito de la raíz es 0). En este caso habrá que coger **por lo menos 1** como *previsión del segundo dígito* de la **raíz** (la cual sería ahora **11**); 11 produce la terna (0̶1̶ 02 01) de la que ignoramos el número de más a la izquierda, colapsando los demás en 021; el **cálculo del resto** (05 7 *menos* 2 1) **es 36** (mucho mayor que 11), por lo que hay que *aumentar la cuantía del segundo dígito* a 2. **Ahora la raíz** es **12**, la cual produce la terna (~~01~~ 04 04) de la que ignoramos el número de más a la izquierda y los demás colapsan en 044; el cálculo del **residuo** (05 7 *menos* 4 4) **es 13** (algo mayor que 11); probamos incrementar en uno el segundo dígito de la **raíz** (ahora 13); 13 produce la terna (~~01~~ 06 09) de la que ignoramos el número de más a la izquierda y los demás colapsan en 069; el **resto** (05 7 *menos* 06 9) sería un número negativo, lo que **no es una opción viable**, por eso *restauramos el **último valor válido*** de la raíz (**12**).

Veamos otro ejemplo que también obliga a recalcular:

$\sqrt{3}$	4	1	*Cálculos*	1	8	*Raíz*
1			$R = 3 - 1$	1^2 (~~01~~	$2 \cdot (1 \cdot 8)$ 16	8^2 64)
2	0 4	1	$0 = R - 2$	2	2	4
(10)	2	4	$R = 41 - 24$	~~2~~	2	4
	1	7	(*R = Resto*)		*Trachtenberg*	

Para **resolver la raíz cuadrada de 341** *separamos* 341 en **3 41**; 2 *al cuadrado* son 4 (mayor que 3); reducimos en 1 (el *cuadrado de* 1 es **1** —menor o igual que 3); el **primer residuo es 2** (3 *menos* 1); calculamos cuál puede ser el **segundo dígito de la raíz** (2 *entre* 2 es 1; añadirle un cero es **10**; 10 dividido por el primer dígito de la raíz es 10; **cogemos inicialmente 9**, pues nunca va a ser 10). **Ahora la raíz** es **19**, que produce la terna (~~01~~ 18 81) la cual, ignorando el elemento de la izquierda, colapsa en 261 (8 *más* 8 son 16; el acarreo de **16** más 1 son 2); el último resto (2) menos el primer dígito (2) es 0 (el 2 de ~~2~~61 se tacharía y 0 pasaría a formar parte del 4 de 41); **el nuevo resto es inviable** (04 1 *menos* 6 1 es negativo); hay que volver sobre nuestros pasos y *reducir la cuantía del segundo dígito* de la **raíz** (la cual **ahora** es **18**); ésta produce la terna (~~01~~ 16 64), que ignorando el elemento de la izquierda, colapsa en 224; el último residuo (2) menos el primer dígito (2) es 0 (se tacha el 2 de ~~2~~24 y 0 pasa a formar parte del 4 de 41); el residuo o resto es 17 (04 1 *menos* 2 4). Para verificar el cálculo basta ver que el *cuadrado de* 18 es **324**, más **17** son **341**.

Por último, veamos un ejemplo con un **radicando de cuatro cifras** (**7296**) cuya **raíz es 85** y **resto el 71**:

Cuadrados y sus raíces

$\sqrt{}$ 7 2 9 6	Cálculos	8 5 Raíz
6 4	$R = 72 - 64$	8^2 $2\cdot(8\cdot 5)$ 5^2 (~~01~~ 80 25)
8 0 9 6	$0 = R - 8$	8 2 5
(40) 2 5	$R = 96 - 25$	~~8~~ 2 5
7 1	(R = Resto)	Trachtenberg

El radicando **7296 se adecúa** *separando sus dígitos dos a dos desde la izquierda* (**72 96**) para determinar que **8 es el primer dígito de la raíz** (9 *por* 9 sobrepasa 72). **El primer resto es 8** (72 *menos* 64), el cual se utiliza para hacer la previsión del segundo dígito de la raíz, a saber, **5** (el cociente 8 *entre* 2 es 4; tras añadirle un cero a la derecha es **4**0 y dividido por 8 —el primer dígito de la raíz— es **5**). La **raíz es ahora 85**; usando el *algoritmo de elevar al cuadrado (decenas al cuadrado; unidades por decenas por 2; unidades al cuadrado)* se obtiene la terna (~~01~~ **80 25**) de los cuáles el primer elemento de más a la izquierda *es ignorado* y **los dos de la derecha colapsan en 825** *(0 y 2 colapsan en su suma, esto es, 2)*; **el primer número** (8) **se resta del residuo actual** (8) y el resultado (0) **pasa a formar parte de las decenas** *del dígito de más a la izquierda de los dos siguientes del radicando aún no utilizados (96 pasa a ser 09 6)*. En este momento el 8 de 8̶25 puede ser tachado, quedando 2 5 que se resta de 09 6 para formar el **residuo final** (**71**).

Números de cinco o seis cifras

Al calcular el cuadrado del máximo número de tres cifras (999) se genera otro de no más de seis (ya que 999 por 999 son 998 001); pero podemos determinar si la raíz va a ser de dos o tres cifras con solo fijarnos en el número de dígitos del radicando y su paridad (par o impar):

- Si es **par**, la raíz tendrá *exactamente* tantos dígitos como *la mitad de las cifras* del radicando.
- Si es **impar**, *se adapta el número de cifras del radicando* para que sea par *(sumando 1)*; la raíz constará de *tantos dígitos como la mitad de este resultado*. P. ej., la raíz de **961** (31 *al cuadrado*) tiene 2 dígitos (3 *más* 1 son 4; la *mitad de* 4 es 2).

Para comprender el algoritmo nada mejor que hacerlo a través de un ejemplo; el radicando (**45 510**) tiene **cinco cifras**; como 5 es impar, la raíz va a estar formada por 3

Cuadrados y sus raíces

dígitos (*sumar a* 5 *uno y dividirlo por* 2); **213** *por* **213** *es* **45 369**, *más* **141** *son* **45 510**:

$\sqrt{4}$	5	5	1	0	2 1 3 Raíz
4	Raíz 2				2^2 $2(2\cdot1)$ 1^2 (~~04~~ 04 01) 04 1
0	0 5	<u>0 5</u>			$0 - \cancel{0} = 0$ (*de* 0 5)
(00)	4	1			~~0~~ 4 1
Raíz 1	1	4			$1 - \cancel{1} = 0$ (*de* <u>0 5</u>)
	(05)	2			$2\cdot(2\cdot3) = \cancel{1}\,2$
	Raíz ~~2~~ 3	2	1	0	$210 - 069 = \mathbf{141}$
		0	6	9	1^2 $2(1\cdot3)$ 3^2 (~~01~~ 06 09) 06 9
Resto =		1	4	1	*Trachtenberg*

Primero *se separa el radicando en grupos de dos dígitos de derecha a izquierda* (**4 55 10**). El grupo de más a la izquierda no puede ser sobrepasado por el cuadrado del primer dígito de la raíz (en este caso 2 *por* 2 son 4 por lo que **el primer dígito de la raíz es 2**).

El **último resto es 0** (el 4 del radicando menos el *cuadrado de* 2). Para buscar el *segundo dígito de la raíz* se divide 0 por 2, se multiplica por 10 y se divide por el primer dígito de la raíz; en este caso se selecciona uno más por ser 0 —*si no, el siguiente resto sería 5 y la predicción del tercer dígito de la raíz (5 entre 2 por 10 son 25 y la mitad es más de 12, mayor que 9) tendría más de una cifra;* **el segundo dígito de la raíz es 1**.

Ahora la raíz es 21. Se eleva al cuadrado con el método visto anteriormente (ignorando el cuadrado de las decenas) obteniendo la terna (~~04~~ 04 01) cuyo primer elemento se ignora quedando sólo los dos últimos: 04 (el doble de unidades por decenas) y 01 (el cuadrado de las unidades), que colapsan en **041** (las decenas de 01 con las unidades de 04). Su primer dígito (0) se resta del último resto (0) obteniendo un número que es colocado a la izquierda del siguiente dígito del radicando para formar una entidad (**05**) de la que se resta el segundo dígito de 041 (5 *menos* 4 es **1**); **el último resto es 1**.

Para buscar el *tercer dígito de la raíz* se divide 1 por 2, se multiplica por 10 y se divide por el primer dígito de la raíz: 1 *entre* 2 *por* 10 es 05; como 5 *entre* 2 está entre 2 y 3 elegimos el mayor; **el tercer dígito de la raíz es 3**.

Ahora la raíz es 213. Se eleva al cuadrado con el método visto anteriormente que además de los cálculos ya realizados requiere *multiplicar por 2 el producto de centenas y unidades* (2 *por* 3 son 6; el *doble de* 6 es **12**) y *elevar al cuadrado 13* (el número formado por las dos últimas cifras). Las decenas (1) del ~~1~~2 obtenido en este párrafo se resta del último resto (1) para obtener un número (0) que es colocado a la izquierda del siguiente dígito del radicando y así formar una entidad (05) de la que se resta el tercer dígito de 041 (5 *menos* 1 es **4**); las unidades (2) de 12 se restan de este valor (4 *menos* 2 son **2**); **el último resto es 2**.

Se eleva al cuadrado 13 (de igual forma que se hizo con 21 al principio) obteniendo la terna (~~01~~ 06 09) cuyo primer elemento se ignora quedando sólo los dos últimos: 06 y 09, que colapsan en **069**; número que debe restarse del formado por el último resto (2) adicionado a la izquierda de los dígitos del radicando aún no usados (10), esto es, **210**, para determinar el **residuo o resto** de la radicación (210 *menos* 069 es **141**).

Exploremos un ejemplo más con radicando de **seis cifras** (**245 025**); la raíz va a estar formada por 3 dígitos (**495** *al cuadrado termina en* **25** y los *dígitos restantes a su izquierda* son el producto de **49** *por* **50**, a saber, **2450**).

$\sqrt{}$ 2	4	5	0	2	5	4 9 5 *Raíz*
						4^2 $2(4 \cdot 9)$ 9^2
1	6					(~~16~~ 72 81)
						80 1
	8	0 5	1 0			$8 - 8 = 0$ (*de* **0 5**)
Raíz 9	(40)	0	1			~~8~~ 0 1
		5	9			$5 - 4 = 1$ (*de* **1 0**)
	Raíz 5	(20)	0			$2 \cdot (4 \cdot 5) = 4\ 0$
			9	2	5	$925 - 925 = 0$
						9^2 $2(9 \cdot 5)$ 5^2
			9	2	5	(~~81~~ 90 25)
						92 5
	***Resto* =**	0	0	0		*Trachtenberg*

Cuadrados y sus raíces

El algoritmo en detalle. El radicando se divide de derecha a izquierda en grupos de dos elementos —aun sin mostrarlo en la tabla—: **24 50 25**. Esto es esencial para el primer paso: encontrar un dígito de 1 a 9 que al cuadrado no sobrepase el grupo de más a la izquierda del radicando (**24**). Como 5 *por* 5 son 25, este número es **4**; se toma pues **4** como el **primer dígito de más a la izquierda de la raíz**. Se eleva 4 *al cuadrado* (**16**) y se resta del grupo del extremo izquierdo del radicando (**24** *menos* **16** son **8** —24 *menos* 14 *menos* 2). Así, **8 es el último resto o residuo parcial** (24 es 4 *por* 4 *más* 8).

Buscamos una predicción para el segundo dígito de la raíz. Para ello se toma el *último resto parcial* (**8**) se divide *entre* 2 y se añade un 0 a la derecha del resultado (4 es 8 *entre* 2 y tras agregarle un 0 es **40**); se escribe bajo el resto entre paréntesis como recordatorio y se divide por el primer dígito del extremo izquierdo de la raíz (4); pero como 40 *entre* 4 es 10 (y se busca un dígito de 0 a 9), **se toma 9** como previsión. **Ahora la raíz es 49**.

Usamos el algoritmo visto anteriormente para **elevar al cuadrado** con **49** (los cálculos están en la derecha de la tabla bajo la raíz) generando una terna cuyos elementos respectivos —de izquierda a derecha— son respectivamente el cuadrado de las decenas (4 *por* 4 son **16**), el doble del producto de unidades y decenas (4 *por* 9 son 36; 36 *por* 2 son **72**) y el cuadrado de las unidades (9 *por* 9 son **81**) de la que el primero de los elementos es ignorado (en realidad ya se ha utilizado) y los dos restantes (**72 81**) colapsan en **801** —las decenas de 81 colapsan con las unidades de 72 (8 *más* 2 son 10) y el acarreo de **10** es transferido a las decenas de 72 (7 *más* 1 son 8) produciendo el par (80 1)—.

El **8** del extremo izquierdo **se resta del último residuo** (8 *menos* 8 es **0** —es el momento de tachar el 8 de 801—), resultado que se une al extremo izquierdo del siguiente dígito del radicando (esto es, al tercero por la izquierda), a saber, **05**. **Se resta** el **0** de 801 de **05** y se *utiliza el resultado* para la **previsión del tercer dígito de la raíz**; de nuevo se efectúa el mismo cálculo que antes: 5 *entre* 2 (truncado) es 2, *por* 10 es 20 y *dividido por* 4 (el primer dígito del extremo izquierdo de la raíz) es 5. **Se toma 5** como previsión. Ahora **la raíz es 495**.

Como la raíz tiene tres cifras, hallar su cuadrado requiere cálculos adicionales, a saber, el doble del producto de los dígitos de los extremos (4 por 5 por 2 son *40*) y el cuadrado del número formado por las dos cifras de más a la derecha (*95 por 95* —los elementos de la derecha de la terna *81 **90** 25* colapsan en ***925***—); estos **cálculos deben sumarse** a ***01*** (la parte de ~~*801*~~ que queda por utilizar) de forma que produzcan un resultado coherente que poder restar del radicando y así generar el **residuo o resto** de la radicación:

0	1			*Procede de* ~~**8**~~ **0 1**
4	0			$2 \cdot (4 \cdot 5) = 4\ 0$
+	9	2	5	$95^2 = \begin{matrix} 9^2 & 2(9\cdot 5) & 5^2 \\ (\text{81} & 90 & 25) \\ & 92 & 5 \end{matrix}$
5	**0**	**2**	**5**	(*Restado del radicando **es el resto***)

La radicación terminaría aquí *(el residuo o resto sería 5025 menos 5025, es decir, 0);* sin embargo, **en la tabla de la radicación estos cálculos se aplican poco a poco.**

*Volvamos atrás, justo cuando se obtuvo **5** al restar el **0** de **801** de **05** y el valor previsto para la **raíz** era **495**:*

El primer cálculo que se efectúa es el producto de dígitos de los *extremos de **495** por* 2, esto es, **40**. El 4 de las decenas se resta del 5 obtenido anteriormente para producir un dígito (5 *menos* 4 es **1**) que pasa a formar parte del extremo izquierdo del siguiente número del radicando a considerar (0 se convierte en **1** 0); el 1 de ~~8~~0**1** se resta de este (10 *menos* 1 es **9**), resultado que unido a 5 (procedente de la diferencia entre **05** y el **0** de 8**0**1) es 59. El 0 de 4**0** se resta de las unidades de 59 (9 *menos* 0 son **9**). Este 9 se une por la izquierda con los dos dígitos restantes del radicando sin usar (25) para formar el minuendo (**925**) de la resta que producirá el último resto.

En este punto *se calcula* **el cuadrado** *del número formado por las dos últimas cifras* **de** *la raíz (***95***)* usando el algoritmo visto anteriormente; pero de la terna que se produce (~~81~~ 90 25) se ignora el cuadrado de las decenas (81) y los dos de la derecha **colapsan en 925** (esto es, las *decenas de* 25 colapsan con las *unidades de* 90 en **2** —2 *más* 0 es 2). Este es el sustraendo de la resta que producirá el último residuo.

La resta de los valores de los dos últimos párrafos es el **resto** de la radicación (**925** *menos* **925** es **0**).

Veamos por último otro ejemplo con radicando de *seis* cifras; la raíz va a estar formada por tres dígitos:

634 *al cuadrado* es **401 956** y *más* **13** son **401 969**. Si agrupamos los cálculos, la radicación es así:

$\sqrt{4}$	0	1	9	6	9	6	3	4	*Raíz*
3	6	*Raíz* 6				6^2 ($\cancel{36}$	$2(6 \cdot 3)$ 36 36	3^2 09) 9	
Raíz 3 (20)	4					$40 - 6^2 = 4$ $(4 \div 2) \cdot 10 = (20)$ $(20 \div 6) = 3$ (*Raíz*)			
Raíz 4 (25)		1	9	6	9	$4 - 3 = 1$ (1 1) $11 - 6 = 5$ $(5 \div 2) \cdot 10 = (25)$ $(25 \div 6) = 4$ (*Raíz*)			
	4	1	9	5	6	$2 \cdot (6 \cdot 4) = 48$ 3^2 $2(3 \cdot 4)$ 4^2 ($\cancel{09}$ 24 16) 25 6 3 6 9 + 4 8 + 2 5 6			
Resto	0	0	0	1	3	*Trachtenberg*			

El grupo de más a la izquierda del radicando (**40**) define el **primer dígito de la raíz** (**6**) y el primer resto (**4**); con él se determina el **segundo dígito de la raíz** (**3**) y con ayuda del 3 de **369**, el **tercer dígito de la raíz** (**4**). Para hallar el resto **se suman 369** (63^2 sin considerar 6^2), **48** (el producto de los extremos de la raíz *por* 2) y **256** (34^2 sin el *cuadrado de* 3); el resultado (**41 956**) se resta del número formado por el último resto y los dígitos del radicando aún no utilizados (**41 969**), es decir, **el resto es 13**. Lo mismo, pero fraccionando el cálculo:

$\sqrt{}$ 4		0	1	9	6	9	6 3 4 *Raíz*
							6^2 $2(6\cdot 3)$ 3^2
3	6						(~~36~~ 36 09)
							36 9
		4	1 1	1 9			$4 - 3 = $ **1** (*de* **1** 1)
Raíz 3	(20)	6	9				~~3~~ 6 9
			5	10			$5 - 4 = $ **1** (*de* **1** 9)
Raíz 4	(25)	8					$2 \cdot (6 \cdot 4) = $ **4 8**
			2	6	9		$269 - 256 = $ **13**
							3^2 $2(3\cdot 4)$ 4^2
			2	5	6		(~~09~~ 24 16)
							25 6
	Resto =		0	1	3		*Trachtenberg*

Números de siete u ocho cifras

Hay una razón para que estos dos casos se traten en el mismo apartado: **el cuadrado** del mínimo **número de cuatro** cifras (1000) consta de **siete dígitos** (1 000 000) y el del máximo número de cuatro cifras (9999) consta de **ocho dígitos** (99 980 001).

A medida que existen más cifras en la raíz el número de factores cruzados a tener en cuenta se incrementa. Es entonces cuando ocultar los detalles de las operaciones que pueden efectuarse de memoria clarifica el proceso de cálculo. P. ej. en:

$\sqrt{}$5	4	8	0	2	9	7	2 3 4 1 Raíz
4	04	18	10	2	9	7	~~1~~ ~~2~~ ~~9~~
							+ ~~1~~ ~~6~~
1	2	1	10	2	8	1	+ ~~2~~ 5 6
							+ 0 4
(05)	(10)	(05)	0	0	1	6	+ 0 6
							+ 0 8
Raíz ~~23~~	Raíz ~~54~~	Raíz ~~21~~	*(R e s t o)*				+ 0 1
Trachtenberg							Suma: **1 0 2 8 1**

se simplifican los cálculos de **234 al cuadrado**:

2^2 $2(2\cdot3)$ 3^2 (~~04~~ 12 09) 12 9	(23 al cuadrado)	1	2 9
$2\cdot(2\cdot4)=16$	$\begin{pmatrix}\text{Producto cruzado}\\ \text{por 2}\end{pmatrix}$		1 6
3^2 $2(3\cdot4)$ 4^2 (~~09~~ 24 16) 25 6	(34 al cuadrado)		2 5 6

y los productos que **completan el cuadrado** de **2341**:

$2\cdot(2\cdot1)$	Los productos cruzados	0 4
$2\cdot(3\cdot1)$	$(2\cdot1),(3\cdot1),(4\cdot1)$	0 6
$2\cdot(4\cdot1)$	*se doblan*	0 8
1^2	el cuadrado no	0 1

Veamos la **resolución por pasos en detalle**:

En primer lugar, se separan desde la derecha dos a dos los dígitos del radicando (**5 48 02 97**). El grupo del extremo izquierdo (5) nos permite determinar el

primer dígito de la raíz, un número que al cuadrado no lo sobrepase. Puesto que 3 *al cuadrado* es 9, el siguiente candidato es **2** y éste sí cumple con las expectativas. La raíz al cuadrado es 4 (2 *por* 2), que restado del dígito del radicando (5) es **1**. Desde ahora llamaremos **último residuo o resto** a la última diferencia efectuada.

Para predecir el **segundo dígito de la raíz** se usa el último resto (entre 2, multiplicado por 10 y dividido por el primer dígito de la raíz). La *primera previsión* es 2 (1 *entre dos por* 10 es 05, *dividido por* 2 es un número entre 2 y 3). **Si cogemos 2 como segundo dígito de la raíz**, el cuadrado de sus ahora dos primeros dígitos (**22**) produce la terna (04 08 04) cuyos dos últimos elementos colapsan en 084; el 0 de **0**84 se resta del último residuo (1), resultado que se adiciona al siguiente dígito del radicando para formar la entidad 04 y de ésta habría que restar 8 (el segundo dígito de 0**8**4), lo cual no es posible sin generar un número negativo. Así, *debemos rechazar 2 como candidato* y elegir el siguiente (3). **Al coger 3 como segundo dígito de la raíz**, el cuadrado de los ahora 2 primeros dígitos de la raíz (**23**) produce la terna (04 12 09) con el cuadrado de las decenas, el doble de unidades y decenas, y las unidades al cuadrado respectivamente, cuyos dos últimos elementos colapsan en **129** (las decenas de **0**9 colapsan con las unidades de 12) y el primer elemento es rechazado. El **1** de **1**29 se resta del último residuo (1), resultado (**1** − 1 = **0**) que se adiciona al siguiente dígito del radicando para formar la entidad **0**4; de ésta se resta el segundo dígito de 129 para generar un **nuevo último resto** (4 *menos* 2 son **2**):

√5	4	8	0	2	9	7	2 3 4 ··· *Raíz*		
4	04	18					~~1~~ 2 9		
							~~1~~ 6		
1	2						2 5 6		
(05)	(10)								
Raíz	*Raíz*								
~~2~~ 3	~~5~~ 4								

Para predecir el **tercer dígito de la raíz** se usa el último resto (entre 2, multiplicado por 10 y dividido por el primer dígito de la raíz). La **primera previsión es 5** (2 *entre dos por* 10 *es* 10, *dividido por* 2 *es* **5**). Pero **si cogemos 5 como tercer dígito de la raíz**, el cuadrado de sus tres primeros dígitos (**235**) sería:

Cuadrados y sus raíces

2^2	$2(2\cdot 3)$	3^2				
(~~04~~	12	09)	(23 *al cuadrado*)	1	2	9
	12	9				

$2\cdot(2\cdot 5) = 20$ $\quad\left(\begin{array}{c}\textit{Producto cruzado}\\ \textit{por 2}\end{array}\right)\quad$ 2   0

3^2	$2(3\cdot 5)$	5^2				
(~~09~~	30	25)	(35 *al cuadrado*)		3 2 5	
	32	5				

Para determinar el cuarto dígito de la raíz se restarían las decenas del doble del producto cruzado (**20**) del último resto (2 *menos* 2 es **0**) y el resultado se agregaría a la izquierda del siguiente dígito del radicando (**8**) para formar una entidad (**08**) de la que restar la suma de la tercera columna de la tabla (9 *más* 0 *más* 3 son **12**); pero esto produciría un resultado negativo (8 *menos* 12), lo cual no es posible. Es por eso que *debemos rechazar 5 como candidato* y elegir un valor inferior (**4**). **Al coger 4 como tercer dígito de la raíz**, el cuadrado de sus tres primeros dígitos (**234**) sería ya colapsado (ignorando el *cuadrado de* 2):

$$\begin{array}{ccc} 1 & 2 & 9 \\ & 1 & 6 \\ & 2 & 5 & 6 \end{array}$$

Para determinar el **cuarto dígito de la raíz** se restan las decenas del doble del producto cruzado (**16**) del último resto (2 *menos* 1 es **1**) y el resultado se agrega a la izquierda del siguiente dígito del radicando (8) para formar una entidad (**18**) de la que restar la suma de la tercera columna de la tabla anterior (9 *más* 6 *más* 2 son **17**); el resultado de esta operación (18 *menos* 17 es **1**) **es el nuevo último resto**.

La *predicción* del *cuarto dígito de la raíz* precisa del último resto (entre 2, multiplicado por 10 y dividido por el primer dígito de la raíz). La *primera previsión* es 2 (1 *entre* 2 *por* 10 es 05, *dividido por* 2 es un número entre 2 y 3). **Si cogemos 2 como cuarto dígito de la raíz**, el cuadrado de sus ahora cuatro dígitos (**2342**) se vería completado con los productos:

$2 \cdot (2 \cdot 2)$	Los productos cruzados	0 8
$2 \cdot (3 \cdot 2)$	$(2 \cdot 2), (3 \cdot 2), (4 \cdot 2)$	+ 1 2
$2 \cdot (4 \cdot 2)$	*se doblan*	+ 1 6
2^2	*el cuadrado no*	+ 0 4

De todos ellos, habría que restar las decenas del primero de arriba (**08**) del último resto (1) y agregar el resultado (1) al siguiente dígito del radicando (0) para formar un

Cuadrados y sus raíces

número (**10**), que unido a los dígitos aún no usados del radicando forman un **nuevo último residuo** (**10 297**) del que restar la siguiente suma (para obtener el resto de la radicación):

```
    ~~1~~  ~~2~~  ~~9~~
    ~~1~~  ~~6~~
         ~~2~~  5  6
      +  ~~0~~  8
         +     1  2
               +  1  6
                  +  0  4
    ─── ─── ─── ─── ─── ───
         1   4   9   6   4
```

Pero 10 297 *menos* 14 964 es negativo, por lo que el **cuarto dígito de la raíz** debe ser uno menos (**1**):

√5	4	8	0	2	9	7	2 3 4 1 *Raíz*
4	04	18	10				~~1~~ ~~2~~ ~~9~~
							+ ~~1~~ ~~6~~
1	2	1					+ ~~2~~ 5 6
							+ 0 4
(05)	(10)	(05)					+ 0 6
							+ 0 8
Raíz	*Raíz*	*Raíz*					+ 0 1
~~2~~ 3	~~5~~ 4	~~2~~ 1					

Al coger 1 como cuarto dígito de la raíz, el cuadrado de sus cuatro dígitos (**2341**) se ve completado con los productos:

$2 \cdot (2 \cdot 1)$	*Los productos cruzados*	0 4	
$2 \cdot (3 \cdot 1)$	$(2 \cdot 1), (3 \cdot 1), (4 \cdot 1)$	0 6	
$2 \cdot (4 \cdot 1)$	*se doblan*	0 8	
1^2	*el cuadrado no*	0 1	

Como antes, hay que restar las decenas de **0**4 del último resto y el resultado (1 *menos* 0 es **1**) se agrega al dígito siguiente del radicando (0) para formar la entidad (**10**), la cual se une a los dígitos restantes del radicando para formar un **nuevo último residuo (10 297)** del que restar la siguiente suma (y así hallar el resto de la radicación):

```
      1̶   2̶   9̶
          1̶   6̶
              2̶   5   6
          +   0̶   4
              +   0   6
                  +   0   8
                      +   0   1
      ─   ─   ─   ─   ─   ─
              1   0   2   8   1
```

Cuadrados y sus raíces

El **resto** es **16** (10 297 *menos* 10 281) y **2341**^{2} (la raíz al cuadrado) *más* **16** es **5 480 297** (el radicando).

La **raíz cuadrada** de un **radicando de ocho cifras** es similar. Se van prediciendo los cuatro dígitos de la raíz como antes hasta que los obtenemos todos, punto en el que se pueden hacer los cálculos de los productos cuya suma (de derecha a izquierda y considerando los acarreos) permite hallar el resto de la radicación:

$\sqrt{4}$	2	6	6	7	1	5	7	6 5 3 2 *Raíz*
3	6	06	16	07	1	5	7	~~6~~ ~~2~~ ~~5~~
								+ ~~3~~ ~~6~~
	6	4	2	7	0	2	4	+ ~~3~~ 0 9
								+ ~~2~~ 4
	(30)	(20)	(10)	0	1	3	3	+ 2 0
								+ 1 2
	Raíz 5	*Raíz* 3	*Raíz* ~~1~~ 2	(R e s t o)				+ 0 4
	Trachtenberg							*Suma:* **7 0 2 4**

El **cálculo es correcto**, pues el radicando **42 667 157** es 42 667 024 (la raíz **6532** *al cuadrado*) *más* **133** (el resto).

Igualmente puede irse restando «la suma de cada columna de los productos que componen el cuadrado de 6532» de «cada dígito del radicando» de *izquierda a derecha*, llevando el resultado de cada diferencia a la columna inmediata a su derecha:

√42	6	6	7	1	5	7	6 5 3 2 *Raíz*
36	0	1	0	1	1	13	6 2 5
	6	6	7	1	5	7	+ 3 6
							+ 3 0 9
6	4	2	6	10	2	4	+ 2 4
			(−)	(−)	(−)	(−)	+ 2 0
Raíz	*Rz*	*Rz*					+ 1 2
5	3	2		*Resto* =	133		+ 0 4
			Trachtenberg				6 10 2 4
							Suma columnas

Esto se haría una vez determinado el cuarto dígito de la raíz, instante en el que se calculan los productos que complementan el cuadrado de dicha raíz; luego se van sumando por columnas los elementos aún no utilizados: **6** (0 *más* 4 *más* 2), **10** (9 *más* 0 *más* 1), **2** (2 *más* 0) y **4**, de izquierda a derecha al tiempo que se restan de cada dígito del radicando pendiente de usar (de izquierda a derecha) de forma que cada resta produce un resultado que se transfiere agregado a la izquierda del minuendo de la siguiente operación, es decir, el **6** se resta del **0**7 del radicando dando **1**; éste se adiciona a la izquierda del siguiente dígito del radicando (**11**) y se le resta la suma de la siguiente columna (**10**) dando **1**; resultado que agregado a la izquierda del **5** del radicando (**15**), menos la suma de la siguiente columna (**2**), es **13**; el cual es trasferido a las decenas del **7** del radicando (**13**7); valor que al restarle la última suma de columnas (**4**) determina el resto o residuo de la radicación (**133**).

Números de nueve o más cifras

El principio que se sigue a la hora de calcular la raíz cuadrada de un número de nueve o más dígitos es similar a casos de siete u ocho dígitos. Sólo hay que tener en cuenta que *por cada número añadido a la raíz hay que sumar su cuadrado y el doble de cada uno de los productos cruzados debidamente desplazados.*

Para verlo vamos a elevar primero al cuadrado **2**, **23**, **234**, **2345** y **23456** aprovechando cada cálculo previo.

El *cuadrado de* **2** es **4** (un único sumando). El resto de los cuadrados añaden primero los sumandos correspondientes al **doble de cada producto cruzado**

(2 *por* 3, 2 *por* 4, 2 *por* 5 y/ó 2 *por* 6) y después **el cuadrado del nuevo dígito** (2, 3, 4, 5 ó 6), según corresponda, desplazados de la siguiente manera:

$2^2 =$	4							
$2 \cdot (2 \cdot 3) =$	1	2						
$3^2 =$		0	9					
+	—	—	—					
$23^2 =$	5	2	9					
$2 \cdot (2 \cdot 4) =$		1	6					
$2 \cdot (3 \cdot 4) =$			2	4				
$4^2 =$				1	6			
+	—	—	—	—	—			
$234^2 =$	5	4	7	5	6			
$2 \cdot (2 \cdot 5) =$			2	0				
$2 \cdot (3 \cdot 5) =$			3	0				
$2 \cdot (4 \cdot 5) =$				4	0			
$5^2 =$					2	5		
+	—	—	—	—	—	—		
$2345^2 =$	5	4	9	9	0	2	5	
$2 \cdot (2 \cdot 6) =$				2	4			
$2 \cdot (3 \cdot 6) =$					3	6		
$2 \cdot (4 \cdot 6) =$					4	8		
$2 \cdot (5 \cdot 6) =$						6	0	
$6^2 =$							3	6
+	—	—	—	—	—	—	—	—
$23456^2 =$	5	5	0	1	8	3	9	3	6

En cada tramo (entre los cuadrados de 2, 23, 234, 2345 y 23456) se pueden aprovechar los cálculos ya efectuados y comenzar la suma a partir del último cuadrado. Por

Cuadrados y sus raíces 177

ejemplo, podemos calcular el *cuadrado de* **234 567** a partir de 550 183 936 (el *cuadrado de* 23 456) sin más que sumar cada uno de los productos cruzados (2 *por* 7, 3 *por* 7, 4 *por* 7, 5 *por* 7 y 6 *por* 7) multiplicado por 2 y el *cuadrado de* 7, *debidamente* desplazados:

$23456^2 =$	5	5	0	1	8	3	9	3	6	
$2 \cdot (\mathbf{2} \cdot 7) =$					2	8				
$2 \cdot (\mathbf{3} \cdot 7) =$					4	2				
$2 \cdot (\mathbf{4} \cdot 7) =$						5	6			
$2 \cdot (\mathbf{5} \cdot 7) =$							7	0		
$2 \cdot (\mathbf{6} \cdot 7) =$								8	4	
$\mathbf{7}^2 =$									4	9
+	—	—	—	—	—	—	—	—	—	—
$234567^2 =$	5	5	0	2	1	6	7	7	4	8	9

Para **colocar estos sumandos** debidamente:

- Las unidades del cuadrado del nuevo dígito de la raíz deben coincidir con las del resultado.
- Los dobles de los productos cruzados se colocan en orden (84, 70, 56, 42 y 28) de abajo arriba y desplazados hacia la izquierda de manera que sus unidades coinciden con las decenas del anterior.

Dividir el radicando en grupos de 2 determina las cifras

de la raíz. P. ej., la *raíz cuadrada de* **5 50 18 39 36** es **23456** (cinco dígitos, tantos como grupos):

$\sqrt{5}$	5	0	1	8	3	9	3	6	2 3 4 5 6
4	0 5	2 0	1 1						~~1~~ 2 9
									+ ~~1~~ ~~6~~
1	3	3	3	8	3	9	3	6	+ ~~2~~ 5 6
									+ 2 ~~0~~
				3	8	3	9	3	6	+ ~~3~~ 0
									+ 4 0
	Resto =	0	0	0	0	0	0		+ 2 5
		Trachtenberg							Suma = **1025**
	Operaciones		**Acción**						**2** · (Producto
	5 − 4 = 1		Restar 2^2						cruz. de **6**) y 6^2
	1 − 1 = 0		~~1~~29						1 0 2 5
	05 − 2 = 3		~~1~~29						2 4
	3 − 1 = 2		~~1~~6						+ 3 6
	9 + 6 + 2 = 17		Sumar columna						+ 4 8
	20 − 17 = 3		~~129~~ ~~16~~ ~~256~~						+ 6 0
	3 − 2 = 1		~~2~~0						+ 3 6
	5 + 0 + 3 = 8		Sumar columna						− − − − − −
	11 − 8 = 3		~~256~~ ~~20~~ ~~30~~						3 8 3 9 3 6

Capítulo 7
Cubos y sus raíces

Si representamos un número N mediante una línea recta de idéntica longitud a su magnitud, *podemos adicionar N de esas líneas* (cada una adyacente a la anterior) para formar una superficie. Su área es *N veces N* y resulta ser un cuadrado. *Al producto N por N se le llama* **cuadrado** *de un número*. Si ponemos **N cuadrados** uno encima de otro, el área de la figura así creada es *N por N por N y el producto se denomina* **cubo** *de un número*.

La *operación inversa* del cubo de un número es la ***raíz cúbica***, la cual consiste en *hallar el número N que al cubo da como resultado N por N por N*. **P. ej.**, el **cubo de 7** es **343**, por lo que **7 es su raíz cúbica**.

Raíz cúbica de un número

Si consideramos el número **N** y lo multiplicamos por sí mismo tres veces obtenemos $N \cdot N \cdot N$ *(esto es, lo hemos elevado al cubo)*. La **raíz cúbica** del **radicando** $N \cdot N \cdot N$ es **N**, lo cual se denota así: $\sqrt[3]{N \cdot N \cdot N} = \sqrt[3]{N^3} = N^{\frac{3}{3}} = N$.

$\sqrt[3]{4}$	2	1	8	9	6	7 5 Raíz
3	4	3	Raíz 7			$7^3 = 343$
Raíz 5	⁷	⁸	⁸	9	6	$3 \cdot 7^2 = 147$ $\boxed{788} \div 147 = \underline{5}$
	7	3	5			$3 \cdot (7^2 \cdot 5) = 735$
		5	2	5		$3 \cdot (7 \cdot 5^2) = 525$
			1	2	5	$5^3 = 125$
	0	0	0	2	1	*(Residuo o resto)*

Este es el aspecto que tiene el **cálculo tradicional** de la *raíz cúbica*. La **raíz** al cubo (75 *por* 75 *por* 75 es **421 875**) más el **resto** (**21**) es el **radicando** (**421 896**).

Cubos y sus raíces

El algoritmo es el siguiente:

Se separan de *derecha a izquierda* y de *tres en tres* los dígitos del radicando **421 896**.

Se busca *el mayor cubo menor o igual* que el número del radicando de más a la izquierda aún no utilizado del paso anterior (**421**). El *cubo de* 8 es 512 (sobrepasa 421) por lo que la **primera raíz parcial** es **7**; **su cubo se resta** del **421** del radicando (**421** *menos* 343 es **78**).

Se adicionan a la derecha del resto anterior (78) los siguientes tres números del radicando (896) y del número resultante se separan desde la derecha dos dígitos (**788 96**); con los restantes del extremo izquierdo se estima el siguiente dígito de la raíz (dividiéndolo por el *triple del cuadrado de la raíz* —**147**). La previsión del segundo dígito de la raíz es **5** (788 *entre* 147).

Para **obtener el residuo**, al último resto (78 896) *hay que restarle* **tres números** *debidamente desplazados de izquierda a derecha:*

Para **el primero** hay que efectuar el **cuadrado del número formado por los primeros dígitos de la raíz hasta el actual, por el actual y triplicar el resultado** (7 *al cuadrado por* 5 es 245; *por* 3 es **735**); valor que se alinea por la izquierda con el dígito más significativo del último resto.

Para **el segundo** hay que calcular el **cuadrado del dígito actual de la raíz por el número formado por los primeros dígitos de la raíz hasta el actual** (los de su izquierda) **y triplicar el resultado** ($5^2 \cdot 7$ es 175; *por* 3 es **525**); valor que se desplaza una posición a la derecha con respecto al anterior.

Para **el tercero** se halla el **cubo del dígito actual de la raíz** (5 *al cubo* es 125) y se desplaza una posición a la derecha con respecto al anterior.

Los tres *debidamente desplazados* **suman** 78 875 que restado del último resto (78 896) constituye **el resto o residuo** de la radicación (78896 *menos* 78875 es **21**).

Para comprobar los cálculos: **75** (la **raíz**) *al cubo* es **421 875** *más* **21** (el **resto**) es **421 896** (el **radicando**).

Cubos y sus raíces   183

Veamos otro ejemplo. Esta vez el radicando es el cubo exacto de **123**, a saber, **1 860 867**.

$\sqrt[3]{1}$	8	6	0	8	6	7	**1 2 3** *Raíz*
1	*Raíz* 1						$1^3 = 1$
$\boxed{0}$	$\boxed{8}$	6	0	*Raíz* 2			$3 \cdot 1^2 = 3$ $\boxed{08} \div 3 = \underline{2}$
0	6						$3 \cdot (1^2 \cdot 2) = 06$
	1	2					$3 \cdot (1 \cdot 2^2) = 12$
		0	8				$2^3 = 08$
Raíz 3	$\boxed{1}$	$\boxed{3}$	$\boxed{2}$	$\boxed{8}$	6	7	$3 \cdot 12^2 = 432$ $\boxed{1328} \div 432 = \underline{3}$
	1	2	9	6			$3 \cdot (12^2 \cdot 3)$
			3	2	4		$3 \cdot (12 \cdot 3^2)$
					2	7	$3^3 = 27$
	0	0	0	0	0	0	(R e s t o)

El lector observador ya habrá visto que por cada dígito

nuevo en la raíz únicamente hay que considerar los tres números que ya mencionamos antes:

- El cuadrado del número formado por los guarismos de la raíz a su izquierda, por el propio dígito, *por* 3.
- El número formado por los guarismos de la raíz a su izquierda, por el cuadrado del propio dígito, *por* 3.
- El cubo del propio dígito.

Para fijar ideas no hay más que observar los cubos de **2**, **23**, **234** y **2345** aprovechando cada cálculo previo:

$2^3 =$	8								
$3 \cdot (2^2 \cdot 3) =$	3	6							
$3 \cdot (2 \cdot 3^2) =$		5	4						
$3^3 =$			2	7					
+	—	—	—	—					
$23^3 =$	12	1	6	7					
$3 \cdot (23^2 \cdot 4) =$		6	3	4	8				
$3 \cdot (23 \cdot 4^2) =$			1	1	0	4			
$4^3 =$					6	4			
+	—	—	—	—	—	—	—		
$234^3 =$	12	8	1	2	9	0	4		
$3 \cdot (234^2 \cdot 5) =$		8	2	1	3	4	0		
$3 \cdot (234 \cdot 5^2) =$			1	7	5	5	0		
$5^3 =$					1	2	5		
+	—	—	—	—	—	—	—	—	—
$2345^3 =$	12	8	9	5	2	1	3	6	2	5

Cubos y sus raíces

Podemos obtener otra manera de resolver la raíz cúbica más acorde a los algoritmos de Trachtenberg. El número **321** nos puede servir para investigar la *relación existente entre su cubo y cada uno de los dígitos que componen su cuadrado* sin más que efectuar una multiplicación de la forma tradicional:

				3	2	1
			×	3	2	1
			—	—	—	—
			1·3	1·2	1·1	
		2·3	2·2	2·1	+	
	3·3	3·2	3·1	+		
	—	—	—	—	—	—
	e	*d*	*c*	*b*	*a*	
			×	3	2	1
	—	—	—	—	—	—
		1*e*	1*d*	1*c*	1*b*	1*a*
	2*e*	2*d*	2*c*	2*b*	2*a*	+
3*e*	3*d*	3*c*	3*b*	3*a*	+	
—	—	—	—	—	—	—
3*e*	2*e*	1*e*	1*d*	1*c*	1*b*	1*a*
+	+	+	+	+		
	3*d*	2*d*	2*c*	2*b*	2*a*	
		+	+	+		
		3*c*	3*b*	3*a*		

Entonces, el *cubo de* **32** se puede obtener a partir de su cuadrado (calculado mediante Trachtenberg) así:

$$
\begin{array}{rrrrrr}
3^2 = & 9 & & & & \\
2\cdot(3\cdot 2) = & 1 & 2 & & & \\
2^2 = & & & 4 & & \\
+ & c & b & a & & \\
\hline
32^2 = & 10 & 2 & 4 & & \\
(3-1)c = & 20 & & & & \\
(3-1)b + 2c = & 2 & 4 & & & \\
(3-1)a + 2b = & & 1 & 2 & & \\
2a = & & & 0 & 8 & \\
+ & - & - & - & - & \\
\hline
32^3 = & 32 & 7 & 6 & 8 & \\
\end{array}
$$

y el *cubo de* **321** de la siguiente manera:

$$
\begin{array}{rrrrrrrr}
3^2 = & 9 & & & & & & \\
2\cdot(3\cdot 2) = & 1 & 2 & & & & & \\
2^2 = & & & 4 & & & & \\
+ & - & - & - & & & & \\
\hline
32^2 = & 10 & 2 & 4 & & & & \\
2\cdot(3\cdot 1) = & & 0 & 6 & & & & \\
2\cdot(2\cdot 1) = & & & 0 & 4 & & & \\
1^2 = & & & & 0 & 1 & & \\
+ & e & d & c & b & a & & \\
\hline
321^2 = & 10 & 3 & 0 & 4 & 1 & & \\
(3-1)e = & 20 & & & & & & \\
(3-1)d + 2e = & 2 & 6 & & & & & \\
(3-1)c + 2d + 1e = & & 1 & 6 & & & & \\
(3-1)b + 2c + 1d = & & & 1 & 1 & & & \\
(3-1)a + 2b + 1c = & & & & 1 & 0 & & \\
2a + 1b = & & & & & 0 & 6 & \\
1a = & & & & & & 0 & 1 \\
+ & - & - & - & - & - & - & - \\
\hline
321^3 = & 33 & 0 & 7 & 6 & 1 & 6 & 1 \\
\end{array}
$$

Cubos y sus raíces

donde el dígito **1** debe entenderse como las unidades de 3**21** salvo en (**3** − 1) que significa *restar* 1 a las centenas de **3**2**1**; el dígito **2** representa las decenas de 3**2**1; y el dígito **3**, las centenas de **3**21; De este modo se puede generalizar y obtener un algoritmo para resolver la raíz cúbica de un número.

Pero veamos antes cómo convertir el *cuadrado* de 321 en el *cuadrado* de 321**5** y éste en *cubo:*

$$
\begin{array}{rl}
321^2 = & 10\ 3\ 0\ 4\ 1 \\
2\cdot(\mathbf{3}\cdot\mathbf{5}) = & 3\ 0 \\
2\cdot(\mathbf{2}\cdot\mathbf{5}) = & 2\ 0 \\
2\cdot(\mathbf{1}\cdot\mathbf{5}) = & 1\ 0 \\
\mathbf{5}^2 = & 2\ 5 \\
+ & -\ -\ -\ -\ -\ -\ - \\
3215^2 = & 10\ 3\ 3\ 6\ 2\ 2\ 5 \\
& g\ f\ e\ d\ c\ b\ a \\
(3-1)g = & 20 \\
(3-1)f + 2g = & 2\ 6 \\
(3-1)e + 2f + 1g = & 2\ 2 \\
(3-1)d + 2e + 1f + 5g = & 7\ 1 \\
(3-1)c + 2d + 1e + 5f = & 3\ 4 \\
(3-1)b + 2c + 1d + 5e = & 2\ 9 \\
(3-1)a + 2b + 1c + 5d = & 4\ 6 \\
2a + 1b + 5c = & 2\ 2 \\
1a + 5b = & 1\ 5 \\
5a = & 2\ 5 \\
3215^3 = & 33\ 2\ 3\ 0\ 9\ 6\ 3\ 3\ 7\ 5
\end{array}
$$

Finalmente, el **ejemplo**:

$\sqrt[3]{4}$	2	1	8	9	6	$\underline{7}$ $\underline{5}$ Raíz		
					Raíz 7	$7^3 = 343$ $421 - 343 = \boxed{78}$		
	5	6	2	5	Raíz 5	$\underline{7}^2 = 49$ $2(\underline{7} \cdot \underline{5}) = 7 \quad 0$ $\underline{5}^2 = \quad 2 \quad 5$ $+ \quad c \quad b \quad a$ $\underline{75}^2 = 56 \quad 2 \quad 5$		
3	3	6				$(\underline{7} - 1)c = 6 \cdot 56$		
	2	9	2			$(\underline{7} - 1)b + \underline{5}c$		
		0	4	0		$(\underline{7} - 1)a + \underline{5}b$		
			0	2	5	$\underline{5}a = \underline{5} \cdot 5$		
0	0	0	0	2	1	(Residuo o resto)		

Inicialmente se divide el radicando en grupos de tres dígitos de derecha a izquierda (**421 896**). Esto facilita determinar qué número al cubo no sobrepasa el grupo del extremo izquierdo del radicando (421). Como 8^3 es

512 elegimos **7 como primer dígito de la raíz**. Se eleva 7 *al cuadrado* y **se busca el siguiente número de dos cifras** tal que al **convertir su cuadrado en cubo** no supere los dígitos de más a la izquierda del radicando. Utilizamos para ello el algoritmo de Trachtenberg (puede elegirse otro método); a 7^2 se le suman debidamente desplazados el *doble del producto* «*7 por el **número de prueba***» ($7 \cdot 5 = 35$; $35 \cdot 2 = 70$) y el *cuadrado de este* ($5^2 = 25$), determinando que 75^2 es 5625; denotamos las unidades a, las decenas b y el resto c. Para **convertir el cuadrado en cubo** (75^3) basta sumar debidamente desplazados, en orden de arriba abajo y de izquierda a derecha $(D-1)c$, $(D-1)b + Uc$, $(D-1)a + Ub$ y Ua, donde en este caso U son las unidades de **75** y D sus decenas. El resultado es 421 875, que restado de 421 896 (el radicando) proporciona el resto de la radicación (21).

Si aún quedan dígitos del radicando sin usar, se debe partir del último cuadrado hallado y encontrar un cuadrado de una cifra más que al ser convertido en cubo no sobrepase el valor del radicando.

Capítulo 8

Raíz cuarta o superior

Denotando N al número que vamos a considerar, elevar N a la *cuarta potencia* es multiplicarlo *cuatro veces por sí mismo* ($N \cdot N \cdot N \cdot N$) y se representa como N^4.

La raíz cuarta de N^4 es N, pues es el número que hay que elevar a la cuarta potencia para obtener N^4:

$$\sqrt[4]{N^4} = (N^4)^{\frac{1}{4}} = N^{4 \cdot \frac{1}{4}} = N^{\frac{4}{4}} = N^1 = N$$

Además, la *raíz cuarta de un número* consiste en calcular la *raíz cuadrada de su raíz cuadrada*, esto es:

$$\sqrt[4]{N} = N^{\frac{1}{4}} = N^{\frac{1}{2} \cdot \frac{1}{2}} = \left(N^{\frac{1}{2}}\right)^{\frac{1}{2}} = (\sqrt[2]{N})^{\frac{1}{2}} = \sqrt[2]{\sqrt[2]{N}}$$

P. ej., la *raíz cuarta de* 625 es 5 (pues **5** *por* **5** son 25, *por* **5** son 125, y *por* **5** son 625); la *raíz cuadrada de* 625 es 25 (25 *por* 25 son 625) y la *raíz cuadrada de* 25 es 5 (pues 5 *por* 5 son 25).

Podemos obtener otra manera de resolver la raíz cuarta más acorde a los algoritmos de Trachtenberg. Los términos que hay que sumar para convertir el *cubo de* **31** en su cuarta potencia se muestran aquí:

$$
\begin{array}{rrrrr}
\mathbf{3}^2 = & 9 & & & \\
2 \cdot (\mathbf{3} \cdot \mathbf{1}) = & 0 & 6 & & \\
\mathbf{1}^2 = & & & 1 & \\
+ & - & - & - & \\
\mathbf{31}^2 = & 9 & 6 & 1 & \\
(\mathbf{3} - 1) \cdot 9 = & 18 & & & \\
(\mathbf{3} - 1) \cdot 6 + \mathbf{1} \cdot 9 = & 2 & 1 & & \\
(\mathbf{3} - 1) \cdot 1 + \mathbf{1} \cdot 6 = & & 0 & 8 & \\
\mathbf{1} \cdot 1 = & & & 0 & 1 \\
+ & - & - & - & - \\
\mathbf{31}^3 = & 29 & 7 & 9 & 1 \\
\textit{patrón}\; \boxed{cba}\; (\textit{sobre}\; 31^3) & \boxed{29} & \boxed{7} & \boxed{9} & \\
\textit{Reajuste patrón}\; \boxed{cba} = & \boxed{297} & \boxed{9} & \boxed{1} & \\
(\mathbf{3} - 1)c = & 594 & & & \\
(\mathbf{3} - 1)b + \mathbf{1}c = & 31 & 5 & & \\
(\mathbf{3} - 1)a + \mathbf{1}b = & & 1 & 1 & \\
\mathbf{1}a = & & & 0 & 1 \\
+ & - & - & - & - \\
\mathbf{31}^4 = & \mathbf{923} & \mathbf{5} & \mathbf{2} & \mathbf{1} \\
\end{array}
$$

El reajuste al número de cifras disponibles (las unidades

Raíz cuarta o superior

y decenas de 31) puede ahorrar pasos adicionales. Con el reajuste (y de abajo arriba) el primer sumando usa la letra *a* junto a las unidades de **31**, el segundo las letras *a* y *b* junto a las decenas y unidades de **31**, el tercero las letras *b* y *c* junto a las decenas y unidades de **31**, y el cuarto la letra *c* junto a las decenas de **31**. Si se desea *puede determinarse que cada letra del patrón actúe sólo sobre dígitos individuales* de 31^3, en cuyo caso el patrón de letras *ba* debe desplazarse de izquierda a derecha (sobre 29 791) en varios pasos como sigue:

		c	b	a		
$31^3 =$		2	9	7	9	1
$(3-1)c =$		4				
$(3-1)b + 1c =$		2	0			
$(3-1)a + 1b =$			2	3		
+		—	—	—	—	—
		9	2	0	9	1
patrón $\boxed{ba}$ (sobre 31^3)		*	*	7	9	*
$(3-1)a + 1b =$				2	5	
+		—	—	—	—	—
		9	2	3	4	1
patrón $\boxed{ba}$ (sobre 31^3)		*	*	*	9	1
$(3-1)a + 1b =$					1	1
$1a =$					0	1
+		—	—	—	—	—
$31^4 =$		9	2	3	5	2	1

Incluso es posible no efectuar ningún reajuste del patrón de letras cba sobre 31^3 en cuyo caso el cálculo sería el siguiente:

$$
\begin{array}{rccccc}
 & c & b & a & \\
31^3 = & \boxed{29} & \boxed{7} & \boxed{9} & 1 \\
(3-1)c = & 58 & & & \\
(3-1)b + 1c = & 4 & 3 & & \\
(3-1)a + 1b = & & 2 & 5 & \\
+ & - & - & - & - \\
 & 92 & 3 & 4 & 1 \\
\text{patrón } \boxed{ba} \,(\text{sobre } 31^3) & * & * & \boxed{9} & \boxed{1} \\
(3-1)a + 1b = & & & 1 & 1 \\
1a = & & & 0 & 1 \\
+ & - & - & - & - & - \\
31^4 = & 92 & 3 & 5 & 2 & 1 \\
\end{array}
$$

Con todo esto ya *tenemos suficiente información para poder resolver la raíz cuarta de un número*. Vamos a escoger como **radicando** 25 *a la cuarta más* 271, esto es, 390 896. Para encontrar el primer dígito de la raíz se **separan** de *derecha a izquierda* y de *cuatro en cuatro* los dígitos del radicando **39 0896**. El número 2^4 no sobrepasa 39. El segundo dígito de la raíz se puede buscar como se hacía en la raíz cuadrada; después sólo hay que ir restando el cubo de la raíz y los sumandos

Raíz cuarta o superior

que con él lo convierten en potencia a la cuarta:

$\sqrt[4]{3}$	9	$\underline{0}$	8	9	6	$\underline{2}$ $\underline{5}$ *Raíz*
						$2^4 = 16$
				Raíz		$39 - 16 = 23$
				2		
					Raíz	$\underline{2}^2 = 4$ *
	$2 \cdot \underline{2} = 4$				5	$2(\underline{2} \cdot \underline{5}) = 2\ 0$ *
	$45 \cdot \underline{5} = 225 < \underline{230}$					$\underline{5}^2 = 2\ 5$ *
	$46 \cdot 6 = 276 > \underline{230}$					$(\underline{2} - 1) \cdot 6 = 6$
						$(1) \cdot 2 + \underline{5} \cdot 6 = 3\ 2$
-1	-5	-6	-2	-5		$(1) \cdot 5 + \underline{5} \cdot 2 = 1\ 5$
						$\underline{5} \cdot 5 = 2\ 5$
						$\underline{25}^3 += 15\ 6\ \bar{\bar{2}}\ \bar{\bar{5}}$
2	3	4	6	4		$\boxed{c}\ \boxed{b}\ \boxed{a}$
0	8				$(23 - 15 = 8)$	$(\underline{2} - 1) \cdot \boxed{15} = 15$
		0	3		$(84 - 81 = 3)$	$(\underline{2} - 1) \cdot b + \underline{5} \cdot c$
$(36 - 32 - 4)$			4			$(\underline{2} - 1) \cdot a + \underline{5} \cdot b$
$(44 - 15 = 29)$			2	9		$(\underline{2} - 1) \cdot \bar{\bar{5}} + \underline{5} \cdot \bar{\bar{2}}$
$(96 - 25 = 71)$				7	1	$\underline{5}a = \underline{5} \cdot \bar{\bar{5}}$
0	0	0	2	7	1	(*Residuo o resto*)

El algoritmo utilizado **se puede generalizar** para resolver la raíz enésima de un número. Sólo hay que restar del radicando el número elevado a una potencia menos (enésima menos uno) y los sumandos que convierten dicha potencia en la enésima.

Convertir una potencia en la siguiente superior es sencillo, aunque depende de las cifras del número.

Si el número tiene una sola cifra (u) basta un sumando por cada dígito de la potencia inferior, a saber, el producto de dicho dígito por uno menos ($u - 1$). Por ejemplo, la *potencia* 8 (de 7) se puede obtener a partir de la *potencia* 7 (de 7) adicionando a ésta los sumandos 48, 12, 18, 30, 24 y 18 todos *debidamente desplazados* de izquierda a derecha de esta manera:

$7^7 =$		8	2	3	5	4	3
$(7-1) \cdot 8 =$	4	8					
$(7-1) \cdot 2 =$		1	2				
$(7-1) \cdot 3 =$			1	8			
$(7-1) \cdot 5 =$				3	0		
$(7-1) \cdot 4 =$					2	4	
$(7-1) \cdot 3 =$						1	8
+	—	—	—	—	—	—	—
$7^8 =$	5	7	6	4	8	0	1

Si el número tiene 2 $cifras$ ($DU = D \cdot 10 + U$) bastan unos pocos sumandos. Con el **patrón** cba actuando **sobre** los dígitos del **extremo izquierdo** de la potencia inferior:

$$(D-1) \cdot c$$
$$(D-1) \cdot b + U \cdot c$$
$$(D-1) \cdot a + U \cdot b$$

Sobre el **patrón** ba desplazado **sobre** los dígitos de la potencia inferior una posición a la derecha cada vez hasta llegar al extremo derecho:

$$(D-1) \cdot a + U \cdot b$$

y finalmente cuando el **patrón** ba está **sobre** los dígitos del extremo derecho de la potencia inferior:

$$(D-1) \cdot a + U \cdot b$$
$$U \cdot a$$

sin olvidar nunca el desplazamiento a la derecha que sufre cada uno de los sumandos excepto el primero.

Por ejemplo, para la conversión del *cubo de* 71 en su potencia a la cuarta se añaden al cubo (357 911) los sumandos 18, 33, 47, 61, 15, 07 y 01, todos excepto el primero, *debidamente desplazados* de izquierda a derecha como sigue:

$$
\begin{array}{rcccccccc}
71^3 = & 3 & 5 & 7 & 9 & 1 & 1 & c & b & a \\
(7-1)c = & 1 & 8 & & & & & & & \boxed{3} \\
(7-1)b + 1c = & & 3 & 3 & & & & & \boxed{3} & \boxed{5} \\
(7-1)a + 1b = & & & 4 & 7 & & & & \boxed{5} & \boxed{7} \\
(7-1)a + 1b = & & & & 6 & 1 & & & \boxed{7} & \boxed{9} \\
(7-1)a + 1b = & & & & & 1 & 5 & & \boxed{9} & \boxed{1} \\
(7-1)a + 1b = & & & & & 0 & 7 & & \boxed{1} & \boxed{1} \\
1a = & & & & & & 0 & 1 & & \boxed{1} \\
+ & - & - & - & - & - & - & - & - \\
71^4 = & 2 & 5 & 4 & 1 & 1 & 6 & 8 & 1 \\
\end{array}
$$

Si el número tiene 3 *cifras* ($CDU = C \cdot 100 + D \cdot 10 + U$) el patrón sigue siendo *cba*, pero los sumandos incluyen las centenas del número aunque siguen la misma lógica a la hora de ser creados. Con el **patrón *cba*** actuando **sobre** los dígitos del **extremo izquierdo** de la potencia inferior:

$$
\begin{aligned}
(C-1) \cdot c & \\
(C-1) \cdot b + D \cdot c & \\
(C-1) \cdot a + D \cdot b + U \cdot c &
\end{aligned}
$$

Sobre el **patrón *cba*** desplazado **sobre** los dígitos de la potencia inferior una posición a la derecha cada vez hasta llegar al extremo derecho:

$$(C-1) \cdot a + D \cdot b + U \cdot c$$

y finalmente, cuando el **patrón *ba*** está **sobre** los dígitos del extremo derecho de la potencia inferior:

$$D \cdot a + U \cdot b$$
$$U \cdot a$$

sin olvidar nunca el desplazamiento a la derecha que sufre cada uno de los sumandos excepto el primero:

$$
\begin{array}{rcccccccccccc}
712^3 = & & 3 & 6 & 0 & 9 & 4 & 4 & 1 & 2 & 8 & c & b & a \\
(7-1)c = & 1 & 8 & & & & & & & & & \boxed{3} & & \\
(7-1)b + 1c = & & 3 & 9 & & & & & & & & \boxed{3} & \boxed{6} & \\
(7-1)a + 1b + 2c = & & & 1 & 2 & & & & & & & \boxed{3} & \boxed{6} & \boxed{0} \\
(7-1)a + 1b + 2c = & & & & 6 & 6 & & & & & & \boxed{6} & \boxed{0} & \boxed{9} \\
(7-1)a + 1b + 2c = & & & & & 3 & 3 & & & & & \boxed{0} & \boxed{9} & \boxed{4} \\
(7-1)a + 1b + 2c = & & & & & & 4 & 6 & & & & \boxed{9} & \boxed{4} & \boxed{4} \\
(7-1)a + 1b + 2c = & & & & & & & 1 & 8 & & & \boxed{4} & \boxed{4} & \boxed{1} \\
(7-1)a + 1b + 2c = & & & & & & & & 2 & 1 & & \boxed{4} & \boxed{1} & \boxed{2} \\
(7-1)a + 1b + 2c = & & & & & & & & & 5 & 2 & \boxed{1} & \boxed{2} & \boxed{8} \\
1a + 2b = & & & & & & & & & 1 & 2 & & \boxed{2} & \boxed{8} \\
2a = & & & & & & & & & & 1 & 6 & & \boxed{8} \\
712^4 = & 2 & 5 & 6 & 9 & 9 & 2 & 2 & 1 & 9 & 1 & 3 & 6 \\
\end{array}
$$

Si el número tiene $4 \, cifras$ ($CDU = M \cdot 1000 + C \cdot 100 +$

$D \cdot 10 + U$) el patrón se amplía a $dcba$ y los sumandos incluyen los millares del número, aún siguiendo la misma lógica a la hora de ser creados. Con el **patrón** $dcba$ actuando **sobre** los dígitos del **extremo izquierdo** de la potencia inferior:

$$(M - 1) \cdot d$$
$$(M - 1) \cdot c + C \cdot d$$
$$(M - 1) \cdot b + C \cdot c + D \cdot d$$
$$(M - 1) \cdot a + C \cdot b + D \cdot c + U \cdot d$$

Sobre el **patrón** $dcba$ desplazado **sobre** los dígitos de la potencia inferior una posición a la derecha cada vez hasta llegar al extremo derecho:

$$(M - 1) \cdot a + C \cdot b + D \cdot c + U \cdot d$$

y finalmente, cuando el **patrón** cba está **sobre** los dígitos del extremo derecho de la potencia inferior:

$$C \cdot a + D \cdot b + U \cdot c$$
$$D \cdot a + U \cdot b$$
$$U \cdot a$$

sin olvidar nunca el desplazamiento a la derecha que sufre cada uno de los sumandos excepto el primero:

Raíz cuarta o superior

$$
\begin{array}{rcccccccccccc}
3215^2 = & 1 & 0 & 3 & 3 & 6 & 2 & 2 & 5 & \boldsymbol{d} & \boldsymbol{c} & \boldsymbol{b} & \boldsymbol{a} \\
(3-1)d = & 2 & & & & & & & & \boxed{1} & & & \\
(3-1)c + 2d = & 0 & 2 & & & & & & & \boxed{1} & \boxed{0} & & \\
(3-1)b + 2c + 1d = & & 0 & 7 & & & & & & \boxed{1} & \boxed{0} & \boxed{3} & \\
(3-1)a + 2b + 1c + 5d = & & & 1 & 7 & & & & & \boxed{1} & \boxed{0} & \boxed{3} & \boxed{3} \\
(3-1)a + 2b + 1c + 5d = & & & & 2 & 1 & & & & \boxed{0} & \boxed{3} & \boxed{3} & \boxed{6} \\
(3-1)a + 2b + 1c + 5d = & & & & & 3 & 4 & & & \boxed{3} & \boxed{3} & \boxed{6} & \boxed{2} \\
(3-1)a + 2b + 1c + 5d = & & & & & & 2 & 9 & & \boxed{3} & \boxed{6} & \boxed{2} & \boxed{2} \\
(3-1)a + 2b + 1c + 5d = & & & & & & & 4 & 6 & \boxed{6} & \boxed{2} & \boxed{2} & \boxed{5} \\
2a + 1b + 5c = & & & & & & & 2 & 2 & \boxed{2} & \boxed{2} & \boxed{5} & \\
1a + 5b = & & & & & & & & 1 & 5 & \boxed{2} & \boxed{5} & \\
5a = & & & & & & & & & 2 & 5 & \boxed{5} & \\
3215^3 = & 3 & 3 & 2 & 3 & 0 & 9 & 6 & 3 & 3 & 7 & 5 &
\end{array}
$$

Con números de más cifras se incrementa la dimensión del patrón para que cubra todos los dígitos del número y se procede como antes siguiendo la misma lógica teniendo cuidado con los desplazamientos necesarios.

También es válido usar el patrón *cba* en todo momento, pero en ese caso hay que tener cuidado con no sumar dos veces lo mismo. En el siguiente ejemplo se agota el patrón *cba* aplicándolo a los primeros números (321). En la parte final el patrón incide sobre los últimos números (215) y el resto de los sumandos en los que hay colisión se suma solamente la parte correspondiente:

$3215^2 =$	1	0	3	3	6	2	2	5	c b a
$(3-1)c =$	2								☐1
$(3-1)b + 2c =$	0	2							☐1 ☐0
$(3-1)a + 2b + 1c =$		0	7						☐1 ☐0 ☐3
$(3-1)a + 2b + 1c =$			1	2					☐0 ☐3 ☐3
$(3-1)a + 2b + 1c =$			2	1					☐3 ☐3 ☐6
$(3-1)a + 2b + 1c =$				1	9				☐3 ☐6 ☐2
$(3-1)a + 2b + 1c =$					1	4			☐6 ☐2 ☐2
$(3-1)a + 2b + 1c =$						1	6		☐2 ☐2 ☐5
$5c =$		0	5						☐1 ☐0 ☐3
$5c =$			0	0					☐0 ☐3 ☐3
$5c =$				1	5				☐3 ☐3 ☐6
$5c =$					1	5			☐3 ☐6 ☐2
$5c =$						3	0		☐6 ☐2 ☐2
$2a + 1b + 5c =$						2	2		☐2 ☐2 ☐5
$1a + 5b =$							1	5	☐2 ☐5
$5a =$							2	5	☐5
$3215^3 =$	3	3	2	3	0	9	6	3 3 7 5

Para resolver la raíz enésima de un número sólo hay que restar del radicando el número elevado a una potencia menos (enésima menos uno) y los sumandos que convierten dicha potencia en la enésima.

Por cada nuevo dígito de la raíz (de m-1 cifras) se parte de su último cuadrado para hallar el de la raíz actual (de m cifras), y convertirlo en la potencia inferior.

Capítulo 9
Descomposición factorial

Un número primo únicamente puede dividirse por sí mismo y por la unidad, pero cualquier otro número está formado por una combinación de primos multiplicados entre sí. En este capítulo vamos a ver cómo averiguar cuáles son. Para ello investigaremos cuándo un número es divisible por los primeros números naturales.

División por 0

No se puede dividir por 0; la división es indeterminada.

División por 1

Todos los números son divisibles por 1.

División por 2

Un número es divisible por 2 cuando su última cifra es 0, 2 ó múltiplo de 2.

Cualquier número $N = a_n \cdots a_1 a_0$ se puede poner como suma de potencias de 10 de la siguiente manera:

$$N = a_n \cdots a_1 a_0 = 10^n a_n + \cdots + 10^1 a_1 + 10^0 a_0$$

donde a_0 es su última cifra, a_n la primera y 10^0 es 1.

Dividir N por 2 consiste en dividir cada uno de los términos que lo componen por 2:

$$\frac{N}{2} = \frac{10^n a_n}{2} + \cdots + \frac{10^1 a_1}{2} + \frac{a_0}{2}$$

Como 10 dividido por 2 es 5 y 10^n es $10 \cdot 10^{n-1}$:

$$\frac{N}{2} = 10^{n-1} \cdot 5a_n + \cdots + 5a_1 + \frac{a_0}{2}$$

donde $a_0/2$ es su última cifra, lo que determina que el número será divisible por 2 únicamente cuando a_0 lo sea, que es lo que buscábamos.

División por 3

Un número es divisible por 3 cuando la suma de sus dígitos es 3 ó múltiplo de 3.

Dividir N por 3 consiste en dividir cada uno de los términos que lo componen por 3:

$$\frac{N}{3} = \frac{10^n a_n}{3} + \cdots + \frac{10^1 a_1}{3} + \frac{a_0}{3}$$

Al sumar y restar a cada término $a_m/3$ $(m = 1 \ldots n)$ y agrupar nos queda la expresión:

$$\frac{N}{3} = \left(\frac{10^n a_n}{3} - \frac{a_n}{3}\right) + \cdots + \left(\frac{10^1 a_1}{3} - \frac{a_1}{3}\right) + \frac{a_n}{3} + \cdots + \frac{a_0}{3}$$

Se puede comprobar fácilmente que el número anterior a 10^m $(m = 1 \ldots n)$ está compuesto por m nueves:

$$\begin{aligned}
10^1 - 1 = & \quad 10 - (10 - 9) & = 9 \\
10^2 - 1 = & \quad 100 - (100 - 99) & = 99 \\
& \vdots & \vdots \\
10^m - 1 = & \quad 10\underbrace{\ldots}_{m}0 - \left(10\underbrace{\ldots}_{m}0 - 9\underbrace{\ldots}_{m}9\right) & = 9\underbrace{\ldots}_{m}9
\end{aligned}$$

entonces:

$$\frac{N}{3} = \left(\frac{10^n a_n - a_n}{3}\right) + \cdots + \left(\frac{10^1 a_1 - a_1}{3}\right) + \frac{a_n}{3} + \cdots + \frac{a_0}{3}$$
$$= \frac{(10^n - 1)a_n}{3} + \cdots + \frac{(9)a_1}{3} + \frac{a_n}{3} + \cdots + \frac{a_0}{3}$$
$$= \frac{\left(9\overset{n}{\cdots}9\right)a_n}{3} + \cdots + \frac{(9)a_1}{3} + \frac{a_n}{3} + \cdots + \frac{a_0}{3}$$
$$= \left(3\overset{n}{\cdots}3\right)a_n + \cdots + (3)a_1 + \frac{a_n + \cdots + a_0}{3}$$

que es precisamente el resultado que buscábamos, pues el último término (la suma de las cifras del número entre 3) determina que N será divisible por 3 únicamente si la suma $a_n + \cdots + a_0$ es divisible por 3.

División por 4

Un número es divisible por 4 cuando el número formado por sus dos últimas cifras es 00, 04 ó múltiplo de 4.

Dividir N por 4 consiste en dividir cada uno de los términos que lo componen por 4:

$$\frac{N}{4} = \frac{10^n a_n}{4} + \cdots + \frac{10^2 a_2}{4} + \frac{10^1 a_1}{4} + \frac{a_0}{4}$$

Como 100 *dividido por* 4 es 25 y 10^n es $100 \cdot 10^{n-2}$:

$$\frac{N}{4} = 25 \cdot 10^{n-2} a_n + \cdots + 25 a_2 + \frac{10^1 a_1 + a_0}{4}$$

donde $(10^1 a_1 + a_0)/4$ determina que el número sólo es divisible por 4 cuando $10^1 a_1 + a_0$ lo sea, que es lo que buscábamos.

División por 5

Un número es divisible por 5 si su última cifra es 0 ó 5.

Dividir N por 5 consiste en dividir cada uno de los términos que lo componen por 5:

$$\frac{N}{5} = \frac{10^n a_n}{5} + \cdots + \frac{10^1 a_1}{5} + \frac{a_0}{5}$$

Como 10 *dividido por* 5 es 2 y 10^n es $10 \cdot 10^{n-1}$:

$$\frac{N}{5} = 10^{n-1} \cdot 2a_n + \cdots + 2a_1 + \frac{a_0}{5}$$

donde $a_0/5$ es su última cifra, lo que determina que el número será divisible por 5 únicamente cuando a_0 lo sea, que es lo que buscábamos.

División por 6

Un número es divisible por 6 cuando lo es por 2 y por 3 a la vez, esto es, cuando su última cifra es divisible por 2 y la suma de sus cifras es divisible por 3.

División por 7

Un número es divisible por 7 si el resultado de restar el doble de la cifra de las unidades, de dicho número sin las unidades, es 0, 7 ó múltiplo de 7.

Al dividir un número a por otro n se produce un cociente k y un resto b:

$$a = kn + b$$

expresión que ordenada muestra que $a - b$ es divisible por n, ó equivalentemente, $a - b$ es un múltiplo de n:

$$\boldsymbol{a - b = kn}$$

y define cuándo a es congruente con b módulo n, lo cual se expresa matemáticamente así:

$$\boldsymbol{a \equiv b \ (mód \ n) \Leftrightarrow \exists \ k \in \mathbb{Z} \ tal \ que \ a - b = kn}$$

Además, al multiplicar la expresión anterior por cualquier entero m o sumarlo a ambos la ecuación la congruencia se mantiene:

A) $\quad a + m \equiv b + m \;(\text{mód } n)$
B) $\quad a \cdot m \equiv b \cdot m \;(\text{mód } n)$

Como $3 \cdot 7$ es exactamente 21 podemos decir que al dividir 21 por 7 el resto es 0, esto es, 21 es 0 ($módulo$ 7):

$$21 = 3 \cdot 7 + 0; \quad \mathbf{21 - 0 = 3 \cdot 7}; \quad \mathbf{21 \equiv 0} \;(\text{mód } 7)$$

Por la propiedad **B**, multiplicar ambos miembros por el entero a_0 mantiene la congruencia:

$$21 a_0 \equiv 0 \;(\text{mód } 7)$$

Como 21 es 1 más 20,

$$21 a_0 = (1 + 20) a_0 = (\mathbf{a_0 + 20 a_0}) \equiv \mathbf{0} \;(\text{mód } 7)$$

y por la propiedad **A**, sumar $-20 a_0$ a ambos miembros de la expresión mantiene la congruencia:

$$(a_0 + 20 a_0) - 20 a_0 = \mathbf{a_0 \equiv -20 a_0} \;(\text{mód } 7)$$

De nuevo por la propiedad **A**, podemos sumar $10a_1$ a ambos miembros de la ecuación:

$$10a_1 + a_0 \equiv 10a_1 - 20a_0 \ (mód\ 7)$$

y como 20 es 10 · 2, sacando a 10 factor común:

$$10a_1 + a_0 \equiv 10(a_1 - 2a_0) \ (mód\ 7)$$

Como la expresión anterior es general, es posible elegir otros enteros a_0 y a_1; en particular, podemos elegir el mismo a_0 y sustituir a_1 por $10a_2 + a_1$:

$$10(10a_2 + a_1) + a_0 \equiv 10(10a_2 + a_1 - 2a_0) \ (mód\ 7)$$
$$\equiv 10^2 a_2 + 10(a_1 - 2a_0) \ (mód\ 7)$$

Ahora mantenemos a_0 y a_1 sin alterar y sustituimos a_2 por $10a_3 + a_2$:

$$10^2(10a_3 + a_2) + 10a_1 + a_0$$
$$\equiv 10^2(10a_3 + a_2) + 10(a_1 - 2a_0) \ (mód\ 7)$$
$$\equiv 10^3 a_3 + 10^2 a_2 + 10(a_1 - 2a_0) \ (mód\ 7)$$

Siguiendo la misma lógica, en cada paso podemos dejar intactos los a_i (i de 0 a $n-2$, ambos inclusive) y sustituir a_{n-1} por $10a_n + a_{n-1}$:

$$10^{n-1}(10a_n + a_{n-1}) + \cdots + a_0$$
$$\equiv 10^{n-1}(10a_n + a_{n-1}) + \cdots + 10(a_1 - 2a_0)$$
$$\equiv 10^n a_n + \cdots + 10(a_1 - 2a_0) \ (mód\ 7)$$
$$= (10^n a_n + \cdots + 10a_1) - 10(2a_0) \ (mód\ 7)$$

Es decir, el número $N = (10^n a_n + \cdots + a_0)$ es equivalente, tras ser dividido por 7, a N sin unidades $(10^n a_n + \cdots + 10a_1)$ al que se le ha restado el doble de dicho término, que es lo que estábamos buscando.

Por ejemplo: 6251 es divisible por 7 si 623 (restar $2 \cdot 1$ a 625) lo es y si 56 (restar $2 \cdot 3$ a 62) lo es; pero 56 es ocho veces siete (múltiplo de 7); por tanto, 6251 es divisible por 7.

División por 8

Un número es divisible por 8 cuando el número formado por sus tres últimas cifras es 000, 008 ó múltiplo de 8.

Dividir N por 8 consiste en dividir cada uno de los términos que lo componen por 8:

$$\frac{N}{8} = \frac{10^n a_n}{8} + \cdots + \frac{10^3 a_3}{8} + \frac{10^2 a_2}{8} + \frac{10^1 a_1}{8} + \frac{a_0}{8}$$

Como 1000 $dividido\ por$ 8 es 125 y 10^n es $1000 \cdot 10^{n-3}$:

$$\frac{N}{8} = 125 \cdot 10^{n-3} a_n + \cdots + 125 a_3 + \frac{10^2 a_2 + 10^1 a_1 + a_0}{8}$$

donde $(10^2 a_2 + 10^1 a_1 + a_0)/8$ determina que el número sólo es divisible por 8 cuando $10^2 a_2 + 10^1 a_1 + a_0$ lo sea, que es lo que buscábamos.

División por 9

Un número es divisible por 9 cuando la suma de sus dígitos es 9 ó múltiplo de 9.

Dividir N por 9 consiste en dividir cada uno de los términos que lo componen por 9:

$$\frac{N}{9} = \frac{10^n a_n}{9} + \cdots + \frac{10^1 a_1}{9} + \frac{a_0}{9}$$

Al sumar y restar a cada término $a_m/9$ ($m = 1 \ldots n$) y agrupar nos queda la expresión:

$$\frac{N}{9} = \left(\frac{10^n a_n}{9} - \frac{a_n}{9}\right) + \cdots + \left(\frac{10^1 a_1}{9} - \frac{a_1}{9}\right) + \frac{a_n}{9} + \cdots + \frac{a_0}{9}$$

Se puede comprobar fácilmente que el número anterior

a 10^m ($m = 1 \ldots n$) está compuesto por m nueves:

$$10^1 - 1 = \quad 10 - (10 - 9) \quad = 9$$
$$10^2 - 1 = \quad 100 - (100 - 99) \quad = 99$$
$$\vdots \qquad\qquad \vdots \qquad\qquad \vdots$$
$$10^m - 1 = 10\underbrace{\ldots}_{m}0 - \left(10\underbrace{\ldots}_{m}0 - 9\underbrace{\ldots}_{m}9\right) = 9\underbrace{\ldots}_{m}9$$

entonces:

$$\frac{N}{9} = \left(\frac{10^n a_n - a_n}{9}\right) + \cdots + \left(\frac{10^1 a_1 - a_1}{9}\right) + \frac{a_n}{9} + \cdots + \frac{a_0}{9}$$

$$= \frac{(10^n - 1)a_n}{9} + \cdots + \frac{(9)a_1}{9} + \frac{a_n}{9} + \cdots + \frac{a_0}{9}$$

$$= \frac{\left(9\overset{n}{\ldots}9\right)a_n}{9} + \cdots + \frac{(9)a_1}{9} + \frac{a_n}{9} + \cdots + \frac{a_0}{9}$$

$$= \left(1\overset{n}{\ldots}1\right)a_n + \cdots + (1)a_1 + \frac{a_n + \cdots + a_0}{9}$$

que es precisamente el resultado que buscábamos, pues el último término (la suma de las cifras del número, entre 9) determina que N será divisible por 9 únicamente si la suma $a_n + \cdots + a_0$ es divisible por 9.

División por 10

Un número es divisible por 10 si su última cifra es 0.

Dividir N por 10 consiste en dividir cada uno de los términos que lo componen por 10:

$$\frac{N}{10} = \frac{10^n a_n}{10} + \cdots + \frac{10^1 a_1}{10} + \frac{a_0}{10}$$

y operando,

$$\frac{N}{10} = 10^{n-1} a_n + \cdots + 10^1 a_2 + 10^0 a_1 + \frac{a_0}{10}$$

donde $a_0/10$ determina que el número sólo es divisible por 10 cuando a_0 lo sea. Eso implica que a_0 debe estar entre 0 y 9 (ambos inclusive); pero el único divisible por 10 es 0 *(pues 0 dividido por cualquier número es 0)*, que es lo que buscábamos.

División por 11

Un número es divisible por 11 cuando la suma de sus dígitos de lugar par menos la suma de sus dígitos de lugar impar es 0, 11 ó múltiplo de 11.

Dividir N por 11 consiste en dividir cada uno de los términos que lo componen por 11:

$$\frac{N}{11} = \frac{10^n a_n}{11} + \cdots + \frac{10^1 a_1}{11} + \frac{a_0}{11}$$

Como siempre existe un número **k** (en general distinto) que hace que $\mathbf{10^n}$ sea igual a $11 \cdot k + (-1)^n$ para todo **n** mayor o igual que cero (véase demostración al final):

$$\frac{N}{11} = \frac{(11k + (-1)^n)a_n}{11} + \cdots + \frac{(11 \cdot 1 + (-1)^1)a_1}{11} + \frac{a_0}{11}$$

y reorganizando sumandos,

$$\frac{N}{11} = \frac{11k a_n}{11} + \cdots + \frac{11 a_1}{11} + \frac{(-1)^n a_n}{11} + \cdots + \frac{(-1)^1 a_1}{11} + \frac{a_0}{11}$$

Como $(-1)^n$ es 1 cuando n es par y (-1) cuando n es impar:

$$\frac{N}{11} = k a_n + \cdots + a_1 + \frac{(-1)^n a_n}{11} + \cdots - \frac{a_3}{11} + \frac{a_2}{11} - \frac{a_1}{11} + \frac{a_0}{11}$$

esto es, para que N sea divisible por 11 deben serlo los términos finales, a saber, la suma de las cifras de N de lugar par menos las de lugar impar (lo que buscábamos).

Lema: Siempre existe un número **k** (en general distinto) que hace que 10^n sea igual a $11 \cdot k + (-1)^n$ para todo **n** mayor o igual que cero.

Demostración (por método de inducción sobre n):

Es claro que se cumple para $n \leq 2$, pues

$$\begin{aligned} 10^0 &= 1 = 0 + 1 = 11 \cdot 0 + (-1)^0 \\ 10^1 &= 10 = 11 - 1 = 11 \cdot 1 + (-1)^1 \\ 10^2 &= 100 = 99 + 1 = 11 \cdot 9 + (-1)^2 \end{aligned}$$

Supongamos que se sigue cumpliendo para los primeros n enteros (con $n \geq 2$), esto es,

$$\mathbf{10^n} = 11 \cdot \mathbf{k} + (-1)^n$$

Usando la expresión anterior debemos deducir que se cumple para el siguiente:

$$10^{n+1} = \mathbf{10^n} \cdot 10 = (11 \cdot \mathbf{k} + (-1)^n) \cdot (11 - 1)$$

operando y sacando a 11 factor común:

$$\begin{aligned} \mathbf{10^{n+1}} &= 11 \cdot 11 \cdot k + 11 \cdot (-1)^n + (-1) \cdot 11 \cdot k + (-1)^{n+1} \\ &= 11 \cdot (11k + (-1)^n + (-1)k) + (-1)^{n+1} \\ &= \mathbf{11k'} + (-1)^{n+1} \; q.e.d. \end{aligned}$$

División por 12

Un número es divisible por 12 cuando lo es por 3 y por 4 a la vez, esto es, cuando la suma de sus dígitos es divisible por 3 y el número formado por sus dos últimas cifras es 00, 04 ó múltiplo de 4.

División por 13

Un número es divisible por 13 si el resultado de restar nueve veces la cifra de las unidades, de dicho número sin las unidades, es 0, 13 ó múltiplo de 13.

Recordamos la definición de congruencia:

$$a \equiv b \,(mód\, n) \Leftrightarrow \exists\, k \in \mathbb{Z} \text{ tal que } a - b = kn$$

y que la congruencia se mantiene al multiplicar por un entero m o sumarlo a ambos lados de la ecuación:

$A)\quad a + m \equiv b + m \,(mód\, n)$
$B)\quad a \cdot m \equiv b \cdot m \,(mód\, n)$

Como $13 \cdot 7$ es exactamente 91 podemos decir que al dividir 91 por 13 el resto es 0, esto es, 91 es 0 ($mód\,$ **13**):

$$91 = 13 \cdot 7 + 0; \quad \mathbf{91 - 0 = 13 \cdot 7}; \quad \mathbf{91 \equiv 0} \ (mód \ \mathbf{13})$$

Por la propiedad **B**, multiplicar ambos miembros por el entero a_0 mantiene la congruencia:

$$91a_0 \equiv 0 \ (mód \ \mathbf{13})$$

Como 91 es 1 más 90,

$$91a_0 = (1 + 90)a_0 = (\boldsymbol{a_0} + 90\boldsymbol{a_0}) \equiv \mathbf{0} \ (mód \ \mathbf{13})$$

y por la propiedad **A**, sumar $-90a_0$ a ambos miembros de la expresión mantiene la congruencia:

$$(a_0 + 90a_0) - 90a_0 = \boldsymbol{a_0} \equiv -90\boldsymbol{a_0} \ (mód \ \mathbf{13})$$

y de nuevo por la propiedad **A**, podemos sumar $10a_1$ a ambos miembros de la ecuación:

$$10\boldsymbol{a_1} + \boldsymbol{a_0} \equiv 10\boldsymbol{a_1} - 90\boldsymbol{a_0} \ (mód \ \mathbf{13})$$

Y como 90 es $10 \cdot 9$, sacando a 10 factor común:

$$10\boldsymbol{a_1} + \boldsymbol{a_0} \equiv 10(\boldsymbol{a_1} - 9\boldsymbol{a_0}) \ (mód \ \mathbf{13})$$

Como la expresión anterior es general, es posible elegir otros enteros a_0 y a_1; en particular, podemos elegir el mismo a_0 y sustituir a_1 por $10a_2 + a_1$:

$$10(10a_2 + a_1) + a_0 \equiv 10(10a_2 + a_1 - 9a_0) \, (mód \, 13)$$
$$\equiv 10^2 a_2 + 10(a_1 - 9a_0) \, (mód \, 13)$$

Ahora mantenemos a_0 y a_1 sin alterar y sustituimos a_2 por $10a_3 + a_2$:

$$10^2(10a_3 + a_2) + 10a_1 + a_0$$
$$\equiv 10^2(10a_3 + a_2) + 10(a_1 - 9a_0) \, (mód \, 13)$$
$$\equiv 10^3 a_3 + 10^2 a_2 + 10(a_1 - 9a_0) \, (mód \, 13)$$

Siguiendo la misma lógica, en cada paso podemos dejar intactos los a_i (i de 0 a $n-2$, ambos inclusive) y sustituir a_{n-1} por $10a_n + a_{n-1}$:

$$10^{n-1}(10a_n + a_{n-1}) + \cdots + a_0$$
$$\equiv 10^{n-1}(10a_n + a_{n-1}) + \cdots + 10(a_1 - 9a_0)$$
$$\equiv 10^n a_n + \cdots + 10(a_1 - 9a_0) \, (mód \, 13)$$
$$= (10^n a_n + \cdots + 10a_1) - 10 \cdot (9a_0) \, (mód \, 13)$$

es decir, el número $N = (10^n a_n + \cdots + a_0)$ es equivalente, tras ser dividido por 13, a N sin unidades $(10^n a_n + \cdots + 10a_1)$ al que se le ha restado nueve veces dicho término, que es lo que estábamos buscando.

Ejemplo: 59 631 es divisible por 13 si 5954 (restar

9 · 1 a 5963) lo es y si 559 (restar 9 · 4 a 595) lo es; pero 559 es 13 veces 43 (esto es, múltiplo de 13); por tanto, 59 631 es divisible por 13.

División por un número N

Un número es divisible por N si el resultado de sumar el producto respectivo de cada una de sus cifras (cogidas de derecha a izquierda) por cada dígito de la serie de restos repetitiva generada al dividir por N las distintas potencias de 10 (desde la potencia 0 ad infinitum) es 0, N ó múltiplo de N.

Los restos generados al dividir las potencias de 10 por N, producen una serie de números que se repiten a partir de un punto hasta el infinito o cíclicamente, por ejemplo, la secuencia para el **3** consiste en **repetir hasta el infinito el número 1**:

$$\begin{aligned} 1 = 10^0 &= \mathbf{1} + 3 \cdot 0 \\ 10^1 &= \mathbf{1} + 3 \cdot 3 \\ 10^2 &= \mathbf{1} + 3 \cdot 33 \\ &\vdots \\ 10^n &= \mathbf{1} + 3 \cdot 3 \overset{n}{\cdots} 3 \end{aligned}$$

lo cual coincide con el *criterio para dividir por 3*, a saber, que *la suma de todas sus cifras debe ser divisible por 3 ó por un múltiplo de 3*:

$$N = 10^n a_n + \cdots + a_0 = \mathbf{1}a_n + \cdots + \mathbf{1}a_0 \ (\text{mód } 3)$$

La secuencia para el **6** es **1, 4, 4**... :

$$\begin{aligned}
1 = 10^0 &= \mathbf{1} + 6 \cdot 0 \\
10^1 &= \mathbf{4} + 6 \cdot 1 \\
10^2 &= \mathbf{4} + 6 \cdot 16 \\
&\vdots \\
10^n &= \mathbf{4} + 6 \cdot 16 \overset{n-1}{\cdots} 6
\end{aligned}$$

esto es,

$$N = 10^n a_n + \cdots + a_0 = \mathbf{4}a_n + \cdots + \mathbf{4}a_1 + \mathbf{1}a_0 \ (\text{mód } 6)$$

o lo que es lo mismo:

$$N = 10^n a_n + \cdots + a_0 = \mathbf{4}(a_n + \cdots + a_1) + a_0 \ (\text{mód } 6)$$

que da el siguiente criterio: *Un número es divisible por 6 si la suma de su última cifra y el cuádruple de dicho número sin las unidades es 6 ó múltiplo de 6.*

Para el número **7** la serie de restos consiste en la repetición hasta el infinito de la secuencia **1, 3, 2, 6, 4, 5**:

$$1 = 10^0 = \boxed{1} + 7 \cdot 0$$
$$10^1 = \boxed{3} + 7 \cdot 1$$
$$10^2 = \boxed{2} + 7 \cdot 14$$
$$10^3 = \boxed{6} + 7 \cdot 142$$
$$10^4 = \boxed{4} + 7 \cdot 1428$$
$$10^5 = \boxed{5} + 7 \cdot 14285$$
$$10^6 = \mathbf{1} + 7 \cdot 142857$$
$$10^7 = \mathbf{3} + 7 \cdot 1428571$$
$$10^8 = \mathbf{2} + 7 \cdot 14285714$$
$$10^9 = \mathbf{6} + 7 \cdot 142857\mathbf{142}$$
$$\vdots$$

esto es,

$$\begin{aligned} N &= 10^n a_n + \cdots + 10^3 a_3 + 10^2 a_2 + 10^1 a_1 + 10^0 a_0 \\ &= \cdots + \mathbf{3}a_7 + \mathbf{1}a_6 + \mathbf{5}a_5 + \mathbf{4}a_4 + \mathbf{6}a_3 + \mathbf{2}a_2 \\ &\quad + \mathbf{3}a_1 + \mathbf{1}a_0 \ (\textit{mód } \mathbf{7}) \end{aligned}$$

que da el siguiente criterio: *Un número es divisible por 7 si el resultado de sumar el producto respectivo de cada una de sus cifras (cogidas de derecha a izquierda) por cada dígito de la serie de restos 1, 3, 2, 6, 4, 5... es 7 ó múltiplo de 7.*

Ejemplo: 5376 es divisible por 7 pues el resultado de la siguiente suma es 63 (*múltiplo de* 7):

$$\mathbf{6} \cdot 5 + \mathbf{2} \cdot 3 + \mathbf{3} \cdot 7 + \mathbf{1} \cdot 6 = 30 + 6 + 21 + 6 = 63 = 9 \cdot \mathbf{7}$$

Descomposición factorial

La siguiente tabla contiene las series de restos de los enteros de **2** a **16**, donde el número resaltado en un recuadro indica el lugar de comienzo de la repetición de la secuencia:

Restos	10^0	10^1	10^2	10^3	10^4	10^5	10^6	10^7	10^8
2	1	[0]	...						
3	[1]	...							
4	1	2	[0]	...					
5	1	[0]	...						
6	1	[4]	...						
7	[1]	3	2	6	4	5	...		
8	1	2	4	[0]	...				
9	[1]	...							
10	1	[0]	...						
11	[1]	10	...						
12	1	10	[4]	...					
13	[1]	10	9	12	3	4	...		
14	1	10	[2]	6	4	12	8	10	...
15	1	[10]	...						
16	1	10	4	8	[0]	...			

La siguiente tabla es equivalente a la anterior, aunque la suma esta vez puede ser cero. P. ej. 1111 es divisible por 11 porque $\mathbf{1} \cdot 1 + (\mathbf{-1}) \cdot 1 + \mathbf{1} \cdot 1 + (\mathbf{-1}) \cdot 1 = 0$:

Restos	10^0	10^1	10^2	10^3	10^4	10^5	10^6	10^7	10^8
2	1	0	...						
3	1	...							
4	1	2	0	...					
5	1	0	...						
6	1	4	...						
7	1	3	2	6	4	5	...		
8	1	2	4	0	...				
9	1	...							
10	1	0	...						
11	1	−1	...	$(10^1 = 11 \cdot 0 + \mathbf{10} = 11 \cdot 1 - \mathbf{1})$					
12	1	−2	4	...					
13	1	−3	9	−1	3	4	...		
14	1	−4	2	6	4	−2	8	−4	...
15	1	−5	...						
16	1	−6	4	8	0	...			

En caso de necesidad puede calcularse la serie de restos de cualquier otro número (objetivamente, bastaría con sacar criterios sólo para los primos) pero es posible que no resulte práctico porque las series tienden a ser cada vez más largas y complejas.

Números primos

Un número primo es un número natural mayor que 1 que es divisible por sí mismo y por la unidad. Se pueden obtener fácilmente siempre y cuando se comience desde el principio mediante la *criba de Eratóstenes;* saber si un número al azar es primo es bastante más complejo.

La **criba de Eratóstenes** consiste en ir eliminando todos los múltiplos de cada número objetivo en orden. Todos los que vayan quedando son primos. El primer primo es 2; se eliminan todos sus múltiplos, a saber, 4 (2 *por* 2), 6 (2 *por* 3), 8 (2 *por* 4), etc.; luego se procede con el 3 (que es primo por haber eliminado todos los múltiplos de los primos menores que él) repitiendo la misma operación; se eliminan todos sus múltiplos (los que aún no hayan sido procesados), a saber, 9 (3 *por* 3), 15 (3 *por* 5), etc., y así hasta llegar al objetivo propuesto (ya que los primos son infinitos).

Los primos menores o iguales que 25 obtenidos usando la criba de Eratóstenes son los 9 encuadrados:

$$
\begin{array}{ccccc}
 & \boxed{2} & \boxed{3} & 2^2 & \boxed{5} \\
2;3 & \boxed{7} & 2^3 & 3^2 & 2;5 \\
\boxed{11} & 2^2;3 & \boxed{13} & 2;7 & 3;5 \\
2^4 & \boxed{17} & 2;3^2 & \boxed{19} & 2^2;5 \\
3;7 & 2;11 & \boxed{23} & 2^3;3 & 5^2
\end{array}
$$

Los primos entre 26 y 50 son los 6 encuadrados:

$$
\begin{array}{ccccc}
2;13 & 3^3 & 2^2;7 & \boxed{29} & 2;3;5 \\
\boxed{31} & 2^5 & 3;11 & 2;17 & 5;7 \\
2^2;3^2 & \boxed{37} & 2;19 & 3;13 & 2^3;5 \\
\boxed{41} & 2;3;7 & \boxed{43} & 2^2;11 & 3^2;5 \\
2;23 & \boxed{47} & 2^4;3 & 7^2 & 2;5^2
\end{array}
$$

Los primos entre 51 y 75 son los 6 encuadrados:

$$
\begin{array}{ccccc}
3;17 & 2^2;13 & \boxed{53} & 2;3^3 & 5;11 \\
2^3;7 & 3;19 & 2;29 & \boxed{59} & 2^2;3;5 \\
\boxed{61} & 2;31 & 3^2;7 & 2^6 & 5;13 \\
2;3;11 & \boxed{67} & 2^2;17 & 3;23 & 2;5;7 \\
\boxed{71} & 2^3;3^2 & \boxed{73} & 2;37 & 3;5^2
\end{array}
$$

Descomposición factorial

Los primos entre 76 y 100 son los 4 encuadrados:

$2^2; 19$	$7; 11$	$2; 3; 13$	$\boxed{79}$	$2^4; 5$
3^4	$2; 41$	$\boxed{83}$	$2^2; 3; 7$	$5; 17$
$2; 43$	$3; 29$	$2^3; 11$	$\boxed{89}$	$2; 3^2; 5$
$7; 13$	$2^2; 23$	$3; 31$	$2; 47$	$5; 19$
$2^5; 3$	$\boxed{97}$	$2; 7^2$	$3^2; 11$	$2^2; 5^2$

Los primos entre 101 y 125 son los 5 encuadrados:

$\boxed{101}$	$2; 3; 17$	$\boxed{103}$	$2^3; 13$	$3; 5; 7$
$2; 53$	$\boxed{107}$	$2^2; 3^3$	$\boxed{109}$	$2; 5; 11$
$3; 37$	$2^4; 7$	$\boxed{113}$	$2; 3; 19$	$5; 23$
$2^2; 29$	$3^2; 13$	$2; 59$	$7; 17$	$2^3; 3; 5$
11^2	$2; 61$	$3; 41$	$2^2; 31$	5^3

Los primos entre 126 y 150 son los 5 encuadrados:

$2; 3^2; 7$	$\boxed{127}$	2^7	$3; 43$	$2; 5; 13$
$\boxed{131}$	$2^2; 3; 11$	$7; 19$	$2; 67$	$3^3; 5$
$2^3; 17$	$\boxed{137}$	$2; 3; 23$	$\boxed{139}$	$2^2; 5; 7$
$3; 47$	$2; 71$	$11; 13$	$2^4; 3^2$	$5; 29$
$2; 73$	$3; 7^2$	$2^2; 37$	$\boxed{149}$	$2; 3; 5^2$

Los primos entre 151 y 175 son los 5 encuadrados:

$\boxed{151}$	$2^3; 19$	$3^2; 17$	$2; 7; 11$	$5; 31$
$2^2; 3; 13$	$\boxed{157}$	$2; 79$	$3; 53$	$2^5; 5$
$7; 23$	$2; 3^4$	$\boxed{163}$	$2^2; 41$	$3; 5; 11$
$2; 83$	$\boxed{167}$	$2^3; 3; 7$	13^2	$2; 5; 17$
$3^2; 19$	$2^2; 43$	$\boxed{173}$	$2; 3; 29$	$5^2; 7$

Los primos entre 176 y 200 son los 6 encuadrados:

2^4; 11	3; 59	2; 89	$\boxed{179}$	2^2; 3^2; 5
$\boxed{181}$	2; 7; 13	3; 61	2^3; 23	5; 37
2; 3; 31	11; 17	2^2; 47	3^3; 7	2; 5; 19
$\boxed{191}$	2^6; 3	$\boxed{193}$	2; 97	3; 5; 13
2^2; 7^2	$\boxed{197}$	2; 9; 11	$\boxed{199}$	2^3; 5^2

Los primos entre 201 y 225 son los 2 encuadrados:

3; 67	2; 101	7; 29	2^2; 3; 17	5; 41
2; 103	3^2; 23	2^4; 13	11; 19	2; 3; 5; 7
$\boxed{211}$	2^2; 53	3; 71	2; 107	5; 43
2^3; 3^3	7; 31	2; 109	3; 73	2^2; 5; 11
13; 17	2; 3; 37	$\boxed{223}$	2^5; 7	3^2; 5^2

Los primos entre 226 y 250 son los 5 encuadrados:

2; 113	$\boxed{227}$	2^2; 3; 19	$\boxed{229}$	2; 5; 23
3; 7; 11	2^3; 29	$\boxed{233}$	2; 3^2; 13	5; 47
2^2; 59	3; 79	2; 7; 17	$\boxed{239}$	2^4; 3; 5
$\boxed{241}$	2; 11^2	3^5	4; 61	5; 7^2
2; 3; 41	13; 19	2^3; 31	3; 83	2; 5^3

Los primos entre 251 y 275 son los 5 encuadrados:

$\boxed{251}$	2^2; 3^2; 7	11; 23	2; 127	3; 5; 17
2^8	$\boxed{257}$	2; 3; 43	7; 37	2^2; 5; 13
3^2; 29	2; 131	$\boxed{263}$	2^3; 3; 11	5; 53
2; 7; 19	3; 89	2^2; 67	$\boxed{269}$	2; 3^3; 5
$\boxed{271}$	2^4; 17	3; 7; 13	2; 137	5^2; 11

Descomposición factorial

Los primos entre 276 y 300 son los 4 encuadrados:

$2^2; 3; 23$	$\boxed{277}$	$2; 139$	$3^2; 31$	$2^3; 5; 7$
$\boxed{281}$	$2; 3; 47$	$\boxed{283}$	$2^2; 71$	$3; 5; 19$
$2; 11; 13$	$7; 41$	$2^5; 3^2$	17^2	$2; 5; 29$
$3; 97$	$2^2; 73$	$\boxed{293}$	$2; 3; 7^2$	$5; 59$
$2^3; 37$	$3^3; 11$	$2; 149$	$13; 23$	$2^2; 3; 5^2$

Los primos entre 301 y 325 son los 4 encuadrados:

$7; 43$	$2; 151$	$3; 101$	$2^4; 19$	$5; 61$
$2; 3^2; 17$	$\boxed{307}$	$2^2; 7; 11$	$3; 103$	$2; 5; 31$
$\boxed{311}$	$2^3; 3; 13$	$\boxed{313}$	$2; 157$	$3^2; 5; 7$
$2^2; 79$	$\boxed{317}$	$2; 3; 53$	$11; 29$	$2^6; 5$
$3; 107$	$2; 7; 23$	$17; 19$	$2^2; 3^4$	$5^2; 13$

Los primos entre 326 y 350 son los 4 encuadrados:

$2; 163$	$3; 109$	$2^3; 41$	$7; 47$	$2; 3; 5; 11$
$\boxed{331}$	$2^2; 83$	$3^2; 37$	$2; 167$	$5; 67$
$2^4; 3; 7$	$\boxed{337}$	$2; 13^2$	$3; 113$	$2^2; 5; 17$
$11; 31$	$2; 3^2; 19$	7^3	$2^3; 43$	$3; 5; 23$
$2; 173$	$\boxed{347}$	$2^2; 3; 29$	$\boxed{349}$	$2; 5^2; 7$

Los primos entre 351 y 375 son los 4 encuadrados:

$3^3; 13$	$2^5; 11$	$\boxed{353}$	$2; 3; 59$	$5; 71$
$2^2; 89$	$3; 7; 17$	$2; 179$	$\boxed{359}$	$2^3; 3^2; 5$
19^2	$2; 181$	$3; 11^2$	$2^2; 7; 13$	$5; 73$
$2; 3; 61$	$\boxed{367}$	$2^4; 23$	$9; 41$	$2; 5; 37$
$7; 53$	$2^2; 3; 31$	$\boxed{373}$	$2; 11; 17$	$3; 5^3$

Los primos entre 376 y 400 son los 4 encuadrados:

$$
\begin{array}{lllll}
2^3;47 & 13;29 & 2;3^3;7 & \boxed{379} & 2^2;5;19 \\
3;127 & 2;191 & \boxed{383} & 2^7;3 & 5;7;11 \\
2;193 & 3^2;43 & 2^2;97 & \boxed{389} & 2;3;5;13 \\
17;23 & 2^3;7^2 & 3;131 & 2;197 & 5;79 \\
2^2;3^2;11 & \boxed{397} & 2;199 & 3;7;19 & 2^4;5^2
\end{array}
$$

Los primos entre 401 y 425 son los 4 encuadrados:

$$
\begin{array}{lllll}
\boxed{401} & 2;3;67 & 13;31 & 4;101 & 3^4;5 \\
2;7;29 & 11;37 & 2^3;3;17 & \boxed{409} & 2;5;41 \\
3;137 & 2^2;103 & 7;59 & 2;3^2;23 & 5;83 \\
2^5;13 & 3;139 & 2;11;19 & \boxed{419} & 2^2;3;5;7 \\
\boxed{421} & 2;211 & 3^2;47 & 2^3;53 & 5^2;17
\end{array}
$$

Los primos entre 426 y 450 son los 5 encuadrados:

$$
\begin{array}{lllll}
2;3;71 & 7;61 & 2^2;107 & 3;11;13 & 2;5;43 \\
\boxed{431} & 2^4;3^3 & \boxed{433} & 2;7;31 & 3;5;29 \\
2^2;109 & 19;23 & 2;3;73 & \boxed{439} & 2^3;5;11 \\
3^2;7^2 & 2;13;17 & \boxed{443} & 2^2;3;37 & 5;89 \\
2;223 & 3;149 & 2^6;7 & \boxed{449} & 2;3^2;5^2
\end{array}
$$

Los primos entre 451 y 475 son los 4 encuadrados:

$$
\begin{array}{lllll}
11;41 & 2^2;113 & 3;151 & 2;227 & 5;7;13 \\
2^3;3;19 & \boxed{457} & 2;229 & 3^3;17 & 2^2;5;23 \\
\boxed{461} & 2;3;7;11 & \boxed{463} & 2^4;29 & 3;5;31 \\
2;233 & \boxed{467} & 2^2;3^2;13 & 7;67 & 2;5;47 \\
3;157 & 2^3;59 & 11;43 & 2;3;79 & 5^2;19
\end{array}
$$

Descomposición factorial

Los primos entre 476 y 500 son los 4 encuadrados:

$2^2; 7; 17$	$3^2; 53$	$2; 239$	$\boxed{479}$	$2^5; 3; 5$
$13; 37$	$2; 241$	$3; 7; 23$	$2^2; 11^2$	$5; 97$
$2; 3^5$	$\boxed{487}$	$2^3; 61$	$3; 163$	$2; 5; 7^2$
$\boxed{491}$	$2^2; 3; 41$	$17; 29$	$2; 13; 19$	$3^2; 5; 11$
$2^4; 31$	$7; 71$	$2; 3; 83$	$\boxed{499}$	$2^2; 5^3$

Los primos entre 501 y 525 son los 4 encuadrados:

$3; 167$	$2; 251$	$\boxed{503}$	$2^3; 3^2; 7$	$5; 101$
$2; 11; 23$	$3; 13^2$	$2^2; 127$	$\boxed{509}$	$2; 3; 5; 17$
$7; 73$	2^9	$3^3; 19$	$2; 257$	$5; 103$
$2^2; 3; 43$	$11; 47$	$2; 7; 37$	$3; 173$	$2^3; 5; 13$
$\boxed{521}$	$2; 3^2; 29$	$\boxed{523}$	$2^2; 131$	$3; 5^2; 7$

Los primos entre 526 y 550 son los 2 encuadrados:

$2; 263$	$17; 31$	$2^4; 3; 11$	23^2	$2; 5; 53$
$3^2; 59$	$2^2; 7; 19$	$13; 41$	$2; 3; 89$	$5; 107$
$2^3; 67$	$3; 179$	$2; 269$	$7^2; 11$	$2^2; 3^3; 5$
$\boxed{541}$	$2; 271$	$3; 181$	$2^5; 17$	$5; 109$
$2; 3; 7; 13$	$\boxed{547}$	$2^2; 137$	$3^2; 61$	$2; 5^2; 11$

Los primos entre 551 y 575 son los 4 encuadrados:

$19; 29$	$2^3; 3; 23$	$7; 79$	$2; 277$	$3; 5; 37$
$2^2; 139$	$\boxed{557}$	$2; 3^2; 31$	$13; 43$	$2^4; 5; 7$
$3; 11; 17$	$2; 281$	$\boxed{563}$	$2^2; 3; 47$	$5; 113$
$2; 283$	$3^4; 7$	$2^3; 71$	$\boxed{569}$	$2; 3; 5; 19$
$\boxed{571}$	$2^2; 11; 13$	$3; 191$	$2; 7; 41$	$5^2; 23$

Los primos entre 576 y 600 son los 4 encuadrados:

$2^6; 3^2$	$\boxed{577}$	$2; 17^2$	$3; 193$	$2^2; 5; 29$
$7; 83$	$2; 3; 97$	$11; 53$	$2^3; 73$	$3^2; 5; 13$
$2; 293$	$\boxed{587}$	$2^2; 3; 7^2$	$19; 31$	$2; 5; 59$
$3; 197$	$2^4; 37$	$\boxed{593}$	$2; 3^3; 11$	$5; 7; 17$
$2^2; 149$	$3; 199$	$2; 13; 23$	$\boxed{599}$	$2^3; 3; 5^2$

Los primos entre 601 y 625 son los 5 encuadrados:

$\boxed{601}$	$2; 7; 43$	$3^2; 67$	$2^2; 151$	$5; 11^2$
$2; 3; 101$	$\boxed{607}$	$2^5; 19$	$3; 7; 29$	$2; 5; 61$
$13; 47$	$2^2; 3^2; 17$	$\boxed{613}$	$2; 307$	$3; 5; 41$
$2^3; 7; 11$	$\boxed{617}$	$2; 3; 103$	$\boxed{619}$	$2^2; 5; 31$
$3^3; 23$	$2; 311$	$7; 89$	$2^4; 3; 13$	5^4

Los primos entre 626 y 650 son los 4 encuadrados:

$2; 313$	$3; 11; 19$	$2^2; 157$	$17; 37$	$2; 3^2; 5; 7$
$\boxed{631}$	$2^3; 79$	$3; 211$	$2; 317$	$5; 127$
$2^2; 3; 53$	$7^2; 13$	$2; 11; 29$	$3^2; 71$	$2^7; 5$
$\boxed{641}$	$2; 3; 107$	$\boxed{643}$	$2^2; 7; 23$	$3; 5; 43$
$2; 17; 19$	$\boxed{647}$	$2^3; 3^4$	$11; 59$	$2; 5^2; 13$

Los primos entre 651 y 675 son los 4 encuadrados:

$3; 7; 31$	$2^2; 163$	$\boxed{653}$	$2; 3; 109$	$5; 131$
$2^4; 41$	$3^2; 73$	$2; 7; 47$	$\boxed{659}$	$2^2; 3; 5; 11$
$\boxed{661}$	$2; 331$	$3; 13; 17$	$2^3; 83$	$5; 7; 19$
$2; 3^2; 37$	$23; 29$	$2^2; 167$	$3; 223$	$2; 5; 67$
$11; 61$	$2^5; 3; 7$	$\boxed{673}$	$2; 337$	$3^3; 5^2$

Descomposición factorial

Los primos entre 676 y 700 son los 3 encuadrados:

$2^2; 13^2$	$\boxed{677}$	$2; 3; 113$	$7; 97$	$2^3; 5; 17$
$3; 227$	$2; 11; 31$	$\boxed{683}$	$2^2; 3^2; 19$	$5; 137$
$2; 7^3$	$3; 229$	$2^4; 43$	$13; 53$	$2; 3; 5; 23$
$\boxed{691}$	$2^2; 173$	$3^2; 7; 11$	$2; 347$	$5; 139$
$2^3; 3; 29$	$17; 41$	$2; 349$	$3; 233$	$2^2; 5^2; 7$

Los primos entre 701 y 725 son los 3 encuadrados:

$\boxed{701}$	$2; 3^3; 13$	$19; 37$	$2^6; 11$	$3; 5; 47$
$2; 353$	$7; 101$	$2^2; 3; 59$	$\boxed{709}$	$2; 5; 71$
$3^2; 79$	$2^3; 89$	$23; 31$	$2; 3; 7; 17$	$5; 11; 13$
$2^2; 179$	$3; 239$	$2; 359$	$\boxed{719}$	$2^4; 3^2; 5$
$7; 103$	$2; 19^2$	$3; 241$	$2^2; 181$	$5^2; 29$

Los primos entre 726 y 750 son los 4 encuadrados:

$6; 11^2$	$\boxed{727}$	$2^3; 7; 13$	3^6	$2; 5; 73$
$17; 43$	$2^2; 3; 61$	$\boxed{733}$	$2; 367$	$3; 5; 7^2$
$2^5; 23$	$11; 67$	$2; 3^2; 41$	$\boxed{739}$	$2^2; 5; 37$
$3; 13; 19$	$2; 7; 53$	$\boxed{743}$	$2^3; 3; 31$	$5; 149$
$2; 373$	$3^2; 83$	$2^2; 11; 17$	$7; 107$	$2; 3; 5^3$

Los primos entre 751 y 775 son los 5 encuadrados:

$\boxed{751}$	$2^4; 47$	$3; 251$	$2; 13; 29$	$5; 151$
$2^2; 3^3; 7$	$\boxed{757}$	$2; 379$	$3; 11; 23$	$2^3; 5; 19$
$\boxed{761}$	$2; 3; 127$	$7; 109$	$2^2; 191$	$3^2; 5; 17$
$2; 383$	$13; 59$	$2^8; 3$	$\boxed{769}$	$2; 5; 7; 11$
$3; 257$	$2^2; 193$	$\boxed{773}$	$2; 3^2; 43$	$5^2; 31$

Los primos entre 776 y 800 son los 2 encuadrados:

8; 97	3; 7; 37	2; 389	19; 41	2^2; 3; 5; 13
11; 71	2; 17; 23	3^3; 29	2^4; 7^2	5; 157
2; 3; 131	$\boxed{787}$	2^2; 197	3; 263	2; 5; 79
7; 113	2^3; 3^2; 11	13; 61	2; 397	3; 5; 53
2^2; 199	$\boxed{797}$	2; 3; 7; 19	17; 47	2^5; 5^2

Los primos entre 801 y 825 son los 4 encuadrados:

3^2; 89	2; 401	11; 73	2^2; 3; 67	5; 7; 23
2; 13; 31	3; 269	2^3; 101	$\boxed{809}$	2; 3^4; 5
$\boxed{811}$	2^2; 7; 29	3; 271	2; 11; 37	5; 163
2^4; 3; 17	19; 43	2; 409	3^2; 7; 13	2^2; 5; 41
$\boxed{821}$	2; 3; 137	$\boxed{823}$	2^3; 103	3; 5^2; 11

Los primos entre 826 y 850 son los 3 encuadrados:

2; 7; 59	$\boxed{827}$	2^2; 3^2; 23	$\boxed{829}$	2; 5; 83
3; 277	2^6; 13	7^2; 17	2; 3; 139	5; 167
4; 11; 19	27; 31	2; 419	$\boxed{839}$	2^3; 3; 5; 7
29; 29	2; 421	3; 281	2^2; 211	5; 13^2
2; 3^2; 47	7; 11^2	2^4; 53	3; 283	2; 5^2; 17

Los primos entre 851 y 875 son los 4 encuadrados:

23; 37	2^2; 3; 71	$\boxed{853}$	2; 7; 61	3^2; 5; 19
2^3; 107	$\boxed{857}$	2; 3; 11; 13	$\boxed{859}$	2^2; 5; 43
3; 7; 41	2; 431	$\boxed{863}$	2^5; 3^3	5; 173
2; 433	3; 17^2	2^2; 7; 31	11; 79	2; 3; 5; 29
13; 67	2^3; 109	3^2; 97	2; 19; 23	5^3; 7

Descomposición factorial

Los primos entre 876 y 900 son los 4 encuadrados:

$2^2;3;73$	$\boxed{877}$	$2;439$	$3;293$	$2^4;5;11$
$\boxed{881}$	$2;3^2;7^2$	$\boxed{883}$	$2^2;13;17$	$3;5;59$
$2;443$	$\boxed{887}$	$2^3;3;37$	$7;127$	$2;5;89$
$3^4;11$	$2^2;223$	$19;47$	$2;3;149$	$5;179$
$2^7;7$	$3;13;23$	$2;449$	$29;31$	$2^2;3^2;5^2$

Los primos entre 901 y 925 son los 3 encuadrados:

$17;53$	$2;11;41$	$3;7;43$	$2^3;113$	$5;181$
$2;3;151$	$\boxed{907}$	$2^2;227$	$3^2;101$	$2;5;7;13$
$\boxed{911}$	$2^4;3;19$	$11;83$	$2;457$	$3;5;61$
$2^2;229$	$7;131$	$2;3^3;17$	$\boxed{919}$	$2^3;5;23$
$3;307$	$2;461$	$13;71$	$2^2;3;7;11$	$5^2;37$

Los primos entre 926 y 950 son los 4 encuadrados:

$2;463$	$3^2;103$	$2^5;29$	$\boxed{929}$	$2;3;5;31$
$7^2;19$	$2^2;233$	$3;311$	$2;467$	$5;11;17$
$2^3;3^2;13$	$\boxed{937}$	$2;7;67$	$3;313$	$2^2;5;47$
$\boxed{941}$	$2;3;157$	$23;41$	$2^4;59$	$3^3;5;7$
$2;11;43$	$\boxed{947}$	$2^2;3;79$	$13;73$	$2;5^2;19$

Los primos entre 951 y 975 son los 3 encuadrados:

$3;317$	$2^3;7;17$	$\boxed{953}$	$2;3^2;53$	$5;191$
$2^2;239$	$3;11;29$	$2;479$	$7;137$	$2^6;3;5$
31^2	$2;13;37$	$3^2;107$	$2^2;241$	$5;193$
$2;3;7;23$	$\boxed{967}$	$2^3;11^2$	$3;17;19$	$2;5;97$
$\boxed{971}$	$2^2;3^5$	$7;139$	$2;487$	$3;5^2;13$

Los primos entre 976 y 1000 son los 4 encuadrados:

2^4; 61	977	2; 3; 163	11; 89	2^2; 5; 7^2
3^2; 109	2; 491	983	2^3; 3; 41	5; 197
2; 17; 29	3; 7; 47	2^2; 13; 19	23; 43	2; 3^2; 5; 11
991	2^5; 31	3; 331	2; 7; 71	5; 199
2^2; 3; 83	997	2; 499	27; 37	2^3; 5^3

Descomposición factorial

Un número, o bien es primo, o bien está formado por una combinación de primos multiplicados entre sí. La forma tradicional de averiguarlo tiene este aspecto:

D	i	v	i	d	e	n	d	o		Divisor
										(primo)
3	5	9	4	5	9	1	0	0	|	5
	7	1	8	9	1	8	2	0	|	5
	1	4	3	7	8	3	6	4	|	2
		7	1	8	9	1	8	2	|	2
		3	5	9	4	5	9	1	|	3
		1	1	9	8	1	9	7	|	3
			3	9	9	3	9	9	|	3
			1	3	3	1	3	3	|	11
				1	2	1	0	3	|	7
					1	7	2	9	|	7
						2	4	7	|	13
							1	9	|	19
								1	|	1

de donde se deduce que:

$$359\,459\,100 = 1 \cdot 2^2 \cdot 3^3 \cdot 5^2 \cdot 7^2 \cdot 11 \cdot 13 \cdot 19$$

Es habitual usar mayoritariamente el criterio del 2, 3, 5, 7, 11 y 13 aunque el número sea divisible por alguno de sus múltiplos. *El algoritmo es sencillo; sólo precisa dividir el dividendo por el primo correspondiente y reemplazar aquél por el cociente generado hasta que éste sea 1.* Es posible reducir cálculos cuando se divide por el múltiplo de un primo conocido. Usando el ejemplo anterior:

D	i	v	i	d	e	n	d	o		Divisor
3	**5**	**9**	**4**	**5**	**9**	**1**	**0**	**0**	|	$10\,(2 \cdot 5)$
	3	5	9	4	5	9	1	0	|	$10\,(2 \cdot 5)$
		3	5	9	4	5	9	1	|	$9\,(3^2)$
			3	9	9	3	9	9	|	3
			1	3	3	1	3	3	|	11
				1	2	1	0	3	|	7
					1	7	2	9	|	7
						2	4	7	|	13
							1	9	|	19
								1	|	1

En el ejemplo, 359 459 100 termina en 0 por lo que se puede dividir por 10; 35 945 910 termina en 0 así pues, también puede dividirse por 10; sumando las cifras de 3 594 591 obtenemos 36 (*múltiplo de* 9) por tanto, es divisible por 9; ahora el dividendo es el último cociente generado, esto es, 399 399 que claramente es múltiplo de 3; el dividendo generado es **133 133** cuya estructura es típica de un múltiplo de 11 (las cifras pares e impares suman lo mismo así que su diferencia es cero); el nuevo dividendo es 12 103 que es divisible por 7 —pues 1210 menos el *doble de* 3 es 1204; 120 menos 8 (*doble de* 4) es 112; y 11 menos 4 (*doble de* 2) son 7—; el cociente correspondiente (1729) también lo es (pues 172 menos 18 son 154; y 15 menos 8 son 7); el nuevo dividendo (247) es divisible por 13, pues 24 menos $9 \cdot 7$ ($= 63$) es -39, que es el triple de 13; por último, 19 es *primo* y sólo es divisible por sí mismo. En este caso obtenemos:

$$\begin{aligned}
\mathbf{359\,459\,100} &= 1 \cdot 3 \cdot 7^2 \cdot 9 \cdot 10^2 \cdot 11 \cdot 13 \cdot 19 \\
&= 1 \cdot 3 \cdot 7^2 \cdot 3^2 \cdot (2 \cdot 5)^2 \cdot 11 \cdot 13 \cdot 19 \\
&= 1 \cdot 3 \cdot 7^2 \cdot 3^2 \cdot 2^2 \cdot 5^2 \cdot 11 \cdot 13 \cdot 19 \\
&= 1 \cdot 2^2 \cdot 3 \cdot 3^2 \cdot 5^2 \cdot 7^2 \cdot 11 \cdot 13 \cdot 19 \\
&= \mathbf{1 \cdot 2^2 \cdot 3^3 \cdot 5^2 \cdot 7^2 \cdot 11 \cdot 13 \cdot 19}
\end{aligned}$$

Simplificación de fracciones

Una fracción representa la división entre un numerador N (el dividendo) y un denominador D (el divisor). Si tras la descomposición de N y D en factores algunos de ellos se repiten en ambos, podemos eliminarlos directamente y así reducir la fracción, ya que, en general:

$$\frac{N}{D} = \frac{A \cdot c}{B \cdot c} = \frac{A}{B} \cdot \frac{c}{c} = \frac{A}{B} \cdot 1 = \frac{A}{B}$$

donde $A \cdot c$ es N en factores, $B \cdot c$ es D en factores, c es el número que ambos comparten y A/B es su **fracción equivalente** resultante, lo que significa que:

$$\frac{N}{D} = \frac{A}{B} \Leftrightarrow \frac{N}{D} - \frac{A}{B} = \frac{N \cdot B - D \cdot A}{D \cdot B} = 0 \Leftrightarrow N \cdot B = D \cdot A$$

Por ejemplo:

$$\frac{N}{D} = \frac{145}{2465} = \frac{29 \cdot 5}{493 \cdot 5} = \frac{29}{17 \cdot 29} = \frac{1}{17}$$

y

$$\frac{145}{2465} = \frac{1}{17} \Leftrightarrow 145 \cdot 17 = 2465 = \mathbf{2465 \cdot 1}$$

Simplificación escandalosa de fracciones

Si tenemos dos fracciones equivalentes, cada una de ellas con el mismo número de cifras en el numerador y denominador, aunque no necesariamente idéntico en ambas, lo son a otra cuyo numerador y denominador es respectivamente la fusión ordenada de los numeradores y denominadores de las fracciones de origen tantas veces como se quiera, donde se quiera, esto es:

$$\frac{A}{B} = \frac{C}{D} \Leftrightarrow \frac{A}{B} = \frac{C}{D} = \frac{AC}{BD} = \frac{CA}{DB} = \frac{AA}{BB} = \frac{CC}{DD} = \frac{ACC}{BDD} = \cdots$$

donde A y B tienen el mismo número de cifras, al igual que C y D (es necesario añadir ceros a la izquierda para ajustar), aunque cada fracción puede tener uno distinto:

$$\frac{11}{3} = \frac{220}{60} \Leftrightarrow \frac{11}{3} = \frac{220}{60} = \frac{11220}{3060} = \frac{22011}{6003} = \frac{1111}{303} = \cdots$$

Este bello y potente teorema ideado en mi juventud, es válido para cualquier número de fracciones, p. ej.:

$$\frac{1}{2} = \frac{7}{14} = \frac{9}{18} \Leftrightarrow \frac{1}{2} = \frac{10709}{21418} = \frac{9107}{18214} = \frac{709}{1418} = \cdots$$

Descomposición factorial

El **funcionamiento** es increíblemente simple:

La condición necesaria y suficiente para que las fracciones A/B y C/D sean equivalentes es:

$$\frac{A}{B} = \frac{C}{D} \Leftrightarrow A \cdot D = B \cdot C \Leftrightarrow D \cdot A = C \cdot B$$

Teniendo en cuenta esto, bastan unas sencillas cuentas para deducir la equivalencia entre CA/DB y A/B:

$$\frac{CA}{DB} \stackrel{\text{def}}{=} \frac{10 \cdot C + A}{10 \cdot D + B} = \frac{A}{B} \Leftrightarrow (10 \cdot C + A) \cdot B = (10 \cdot D + B) \cdot A$$

y se concluye al ver que la igualdad es cierta:

$$(10 \cdot C + A) \cdot B = 10 \cdot C \cdot B + A \cdot B = 10 \cdot D \cdot A + A \cdot B$$
$$= 10 \cdot D \cdot A + B \cdot A = (10 \cdot D + B) \cdot A$$

La equivalencia entre CA/DB y C/D es similar:

$$\frac{CA}{DB} \stackrel{\text{def}}{=} \frac{10 \cdot C + A}{10 \cdot D + B} = \frac{C}{D} \Leftrightarrow (10 \cdot C + A) \cdot D = (10 \cdot D + B) \cdot C$$

y se concluye al ver que la igualdad es cierta:

$$(10 \cdot C + A) \cdot D = 10 \cdot C \cdot D + A \cdot D = 10 \cdot C \cdot D + B \cdot C$$
$$= 10 \cdot D \cdot C + B \cdot C = (10 \cdot D + B) \cdot C$$

Fórmulas inmersas en fracciones

Si conocemos o intuimos cuál es la suma de una serie de números, podemos usar la simplificación escandalosa del punto anterior formando una fracción que fusione el resultado de la suma con su previsión. P. ej. los primeros enteros no negativos se pueden sumar de fuera adentro tomados de dos en dos (comenzando en 0 si n *es impar* y en 1 si n *es par*). Si n *es impar*:

$$0 + 1 + 2 + 3 + \cdots + n = (0 + n) + \big(1 + (n-1)\big) + \cdots$$

$$= (n) \cdot \underbrace{\cdots}_{(n+1)/2} \cdot (n) = \frac{n(n+1)}{2}$$

y si n *es par*:

$$1 + 2 + 3 + \cdots + n = (1 + n) + \big(2 + (n-1)\big) + \cdots$$

$$= (n+1) \cdot \underbrace{\cdots}_{n/2} \cdot (n+1) = \frac{n(n+1)}{2}$$

En ambos casos:

$$1 + 2 + 3 + \cdots + n = \frac{n(n+1)}{2}$$

Descomposición factorial 243

La siguiente fracción *(cierta sí y sólo sí se verifican los cálculos previos)* contiene la fórmula anterior:

$$\frac{[1+2+3+\cdots+n][n(n+1)]}{10\underbrace{\ldots}_{m}02} = \frac{1+2+3+\cdots+n}{1}$$

$$= 1+2+3+\cdots+n = \frac{n(n+1)}{2} = \frac{n(n+1)}{0\underbrace{\ldots}_{m}02}$$

donde m es el número de cifras de $n(n+1)$ menos uno y los corchetes significan *operar y poner el resultado*.

Ejemplo 1. La suma de los números del 1 al 5 es 15 (la mitad del producto 5 *por* 6); la fracción resultante es:

$$\frac{[1+2+3+4+5][5(5+1)]}{10\underbrace{\ldots}_{2-1}02} = \frac{15\mathbf{30}}{10\mathbf{2}} = \frac{15}{1} = 15 = \frac{30}{2}$$

Ejemplo 2. La suma de los números del 1 al 22 es 253 (la mitad de 506 —el producto de 22 *por* 23); la fracción resultante es:

$$\frac{[1+\cdots+22][22(22+1)]}{10\underbrace{\ldots}_{3-1}02} = \frac{253\mathbf{506}}{10\mathbf{02}} = \frac{253}{1} = 253 = \frac{506}{2}$$

Cifras significativas y redondeo

Una cifra significativa es cualquier dígito del número que no sea un cero inicial o final. Los ceros intermedios son significativos, pues modifican la ponderación; no es lo mismo 1,02 que 1,2:

$$1,02 = \mathbf{1} \cdot 10^0 + \mathbf{0} \cdot 10^{-1} + \mathbf{2} \cdot 10^{-2}$$

$$y$$

$$1,2 = 1,20 = \mathbf{1} \cdot 10^0 + \mathbf{2} \cdot 10^{-1} + \mathbf{0} \cdot 10^{-2}$$

Los ceros empleados para ubicar la posición de la coma decimal no constituyen cifras significativas; tampoco los ceros al comienzo de un número entero.

Por **ejemplo**, 0,0123 contiene solamente tres cifras significativas, ya que los dos ceros sirven para ubicar el punto decimal, lo cual se aprecia mejor en la notación científica ($1,23 \cdot 10^{-2}$). El número $7,0 \cdot 10^2$ consta de dos cifras significativas y $7,00 \cdot 10^2$ de tres, a pesar de que 700 representa a ambos. El mismo número con 4 cifras significativas es 700,0 (en notación científica $7,000 \cdot 10^2$). Tanto 0,34 como ,34 consta de dos cifras significativas; el 0 de la izquierda se ignora. Lo mismo sucede con los números 034 y 34.

Convenciones para redondear

- Cuando el número a eliminar es *menor que* 5, el que le precede no cambia (p. Ej. 5,2**4** se redondea a 5,2).

- Cuando es *mayor que* 5, el número que le precede se incrementa en 1 (p. Ej. 5,2**6** se redondea a 5,3).

- Cuando es 5, el número que le precede no se cambia si es par (el 0 se considera par), pero si es impar, se incrementa en 1 (p. Ej. 5,2**5** se redondea a 5,2 y 2,3**5** se redondea a 2,4).

Redondeos en las operaciones

- En la *multiplicación y división* el resultado no debe tener más cifras significativas que el menor número de cifras significativas utilizado en la operación. P. Ej. «1,25 · 2,2» da como resultado 2,75, que redondeado a dos cifras significativas es 2,8.

- En la *adición y sustracción* la posición del primer dígito dudoso determina el último dígito que se retiene. P. Ej. la suma «7,2**4** + 2,**3**» es 9,54 y se expresa como 9,5; La resta «7,2**7** − 2,234**3**» es 5,0357 y se expresa como 5,04.

Capítulo 10
Cálculo de logaritmos

El logaritmo es una herramienta matemática que permite obtener el número n al que hay que elevar b (la *base* del logaritmo, positiva y distinta de 1) para obtener a (un número real positivo —*el argumento o antilogaritmo*—):

$$\log_b a = n \Leftrightarrow b^n = a$$

El logaritmo común (**log**) utiliza como base el número 10 y el natural o neperiano (**ln**) el número e, esto es:

$$\log_{10} a = \log a \quad y \quad \log_e a = \ln a$$

Se pueden usar otras bases; en particular en este tema utilizaremos ampliamente la binaria (*base* 2) pues facilita los cálculos manuales.

Cálculo del número *e*

Este número es inconmensurable (no se puede expresar como una fracción, pero sí como una suma infinita de ellas) y tiene un valor aproximado de 2,718281828459...

El número *e* se define como el límite a que tiende la expresión $\left(1 + \frac{1}{n}\right)^n$ cuando n se va haciendo infinito. El binomio de Newton reza así:

$$(x + a)^m = \binom{m}{0} x^m + \cdots + \binom{m}{n} x^{m-n} a^n + \cdots + \binom{m}{m} a^m$$

donde

$$\binom{m}{n} = \frac{m(m-1)\ldots(m-n+1)}{1 \cdot 2 \cdot 3 \cdot \ldots \cdot n} = \frac{m(m-1)\ldots(m-n+1)}{n!}$$

$$= \frac{m\ldots(m-(n-1))(m-n)!}{n!\,(m-n)!} = \frac{m!}{n!\,(m-n)!}$$

$$= \frac{m!}{(m-n)!\,n!} = \frac{m!}{(m-n)!\,(m-(m-n))!}$$

$$= \binom{m}{m-n}$$

y en particular,

$$\binom{m}{0} = \frac{m!}{(m-0)!\,(m-(m-0))!} = \frac{m!}{m!\,(m-m)!} = \binom{m}{m} = 1$$

Cálculo de logaritmos

lo que permite el **desarrollo del binomio** del número *e*:

$$\left(1+\frac{1}{n}\right)^n = \frac{1}{0!}\cdot 1^n + \frac{n}{1!}\cdot 1^{n-1}\cdot\left(\frac{1}{n}\right)^1 + \frac{n(n-1)}{2!}\cdot 1^{n-2}\cdot\left(\frac{1}{n}\right)^2$$
$$+ \cdots + \frac{n(n-1)\ldots(n-(n-1))}{n!}\cdot 1^{n-n}\cdot\left(\frac{1}{n}\right)^n$$

que simplificando y reorganizando denominadores es:

$$\left(1+\frac{1}{n}\right)^n = \frac{1}{0!} + \frac{1}{1!} + \frac{n(n-1)}{n^2}\cdot\frac{1}{2!} + \frac{n(n-1)(n-2)}{n^3}\cdot\frac{1}{3!} + \cdots$$
$$+ \frac{n(n-1)\ldots(n-n+1)}{n^n}\cdot\frac{1}{n!}$$
$$= \frac{1}{0!} + \frac{1}{1!} + \frac{n-1}{n}\cdot\frac{1}{2!} + \frac{n-1}{n}\cdot\frac{n-2}{n}\cdot\frac{1}{3!} + \cdots$$
$$+ \frac{n-1}{n}\cdot\frac{n-2}{n}\cdot\ldots\cdot\frac{n-n+1}{n}\cdot\frac{1}{n!}$$

y efectuando operaciones:

$$\left(1+\frac{1}{n}\right)^n = \frac{1}{0!} + \frac{1}{1!} + \left(1-\frac{1}{n}\right)\cdot\frac{1}{2!} + \left(1-\frac{1}{n}\right)\cdot\left(1-\frac{2}{n}\right)\cdot\frac{1}{3!} + \cdots$$
$$+ \left(1-\frac{1}{n}\right)\cdot\left(1-\frac{2}{n}\right)\cdot\ldots\cdot\left(1-\frac{n-1}{n}\right)\cdot\frac{1}{n!}$$

Cuando n es tan grande que tiende a ser infinito las fracciones que lo tienen como denominador tienden a ser cero, esto es:

$$\left(1+\frac{1}{n}\right)^n = \frac{1}{0!}+\frac{1}{1!}+(1-0)\cdot\frac{1}{2!}+(1-0)\cdot(1-0)\cdot\frac{1}{3!}+\cdots$$
$$+(1-0)\cdot(1-0)\cdot\cdots\cdot(1-0)\cdot\frac{1}{n!}+\cdots$$
$$= 1+1+\frac{1}{2!}+\frac{1}{3!}+\cdots+\frac{1}{n!}+\cdots$$

La suma hasta el infinito de todos los términos es el número *e*; cuantos más sumandos se empleen, mejor será la aproximación. Sumemos los primeros términos hasta $n = 16$:

Suma parcial	n	$1/n!$
1	0	1
2	1	1
2,5	2	0,5
2,66666666666667	3	0,16666666666667
2,70833333333334	4	0,04166666666667
2,71666666666667	5	0,00833333333333
2,71805555555556	6	0,00138888888889
2,71825396825397	7	0,00019841269841
2,71827876984127	8	0,00002480158730
2,71828152557319	9	0,00000275573192
2,71828180114638	10	0,00000027557319
2,71828182619849	11	0,00000002505211
2,71828182828617	12	0,00000000208768
2,71828182844676	13	0,00000000016059
2,71828182845823	14	0,00000000001147
2,71828182845899	15	0,00000000000076
2,71828182845904	16	0,00000000000005
(valor aproximado)	$e \cong$	2,71828182845904
(16 decimales exactos)	$e =$	2,7182818284590452...

Cálculo del logaritmo en base 10 de 2

El logaritmo de un número consta de una parte entera *(la característica)* y una parte fraccionaria *(la mantisa)*. El valor exacto del logaritmo decimal (en $base$ 10) ó común de 2 se puede redondear sin prácticamente pérdida de precisión:

$$\log_{10} 2 = \log 2 = 0{,}30102999566398 \cong 0{,}30103$$

Para hallar la **característica** del logaritmo común de un número a se mira si a es menor que 10; si lo es, la característica es 0; si no, *se divide por* 10 una y otra vez hasta que el resultado de una de las operaciones lo sea incrementando en cada intento la característica en 1; por ejemplo, suponiendo que $\log a$ tiene característica 3 la secuencia de operaciones sería:

$Cálculo$	$Comprobación$	$\boldsymbol{Característica}$
a	$a > 10$	(0)
$a/10 = c_1$	$c_1 > 10$	(1)
$c_1/10 = c_2$	$c_2 > 10$	(2)
$c_2/10 = \boldsymbol{c_3}$	$\boldsymbol{c_3 < 10}$	$(\log a = \boldsymbol{3},...)$

En este caso, el **logaritmo de 2** tiene **característica 0** pues 2 es menor que 10, esto es, $\log 2 = \boldsymbol{0},...$

Para hallar la **mantisa** del logaritmo común de un número a se coge el último resultado del cálculo de la característica que la determinó (c_3) y tras elevarlo a la décima potencia ($m_{00} = c_3{}^{10}$) se comprueba si es menor que diez ($m_{00} < 10$); si lo es, el primer dígito de la mantisa es 0; en caso contrario, se divide por 10 una y otra vez $\left(m_{0j} = m_{0(j-1)}/10\right)$ hasta que el resultado de una de las operaciones lo sea ($m_{0k} < 10$) en cuyo caso el primer dígito de la mantisa (m_0) es igual al contador de iteraciones ($m_0 = k$). Para hallar los siguientes dígitos de la mantisa hay que repetir el mismo procedimiento partiendo del último resultado que determinó el dígito anterior de la mantisa elevado a la décima potencia, a saber, $m_{i0} = m_{(i-1)k}{}^{10}$ siendo i la posición actual del dígito de la mantisa y $m_{(i-1)k} < 10$. El algoritmo es el mismo; se comprueba si $m_{i0} < 10$; si lo es, el dígito i de la mantisa es 0; en caso contrario, se divide por 10 una y otra vez $\left(m_{ij} = m_{i(j-1)}/10\right)$ hasta que el resultado de una de las operaciones lo sea ($m_{ik'} < 10$) en cuyo caso el dígito i de la mantisa (m_i) es el número de iteración en curso ($m_i = k'$).

Elevar un número a la décima potencia consiste en *transformar su novena potencia (su cubo al cubo)* en

Cálculo de logaritmos

la siguiente como vimos en capítulos anteriores. En este caso, primero hay que elevar 2 *al cubo* y el *resultado*, de nuevo *al cubo*, lo cual no requiere muchos cálculos:

$$2^3 = 2 \cdot 2 \cdot 2 = 8$$
$$8^3 = 8 \cdot 8^2 = 8 \cdot 64 = 8 \cdot (60 + 4) = \mathbf{48}0 + 32 = \mathbf{51}2$$
$$2^9 = (2^3)^3 = 8^3 = 512$$

y a continuación añadimos los sumandos necesarios que transforman esa potencia en la siguiente (o simplemente multiplicamos 512 *por* 2):

$$
\begin{array}{rccc}
\mathbf{2^9 =} & 5 & 1 & 2 \\
(\mathbf{2}-1) \cdot 5 = 0 & 5 & & \\
(\mathbf{2}-1) \cdot 1 = & & 0 & 1 \\
(\mathbf{2}-1) \cdot 2 = & & & 0 \; 2 \\
+ \; - & - \; - & - & - \\
\mathbf{2^{10} =} \; 1 & 0 & 2 & 4
\end{array}
$$

Calculamos el **primer dígito de la mantisa** como sigue:

Cálculo	Comprobación	*Mantisa*
1024	$1024 > 10$	(0)
$1024/10 = 102{,}4$	$102{,}4 > 10$	(1)
$102{,}4/10 = 10{,}24$	$10{,}24 > 10$	(2)
$10{,}24/10 = \mathbf{1{,}024}$	$1{,}024 < 10$	($\log 2 = 0{,}3...$)

El segundo dígito de la mantisa precisa *elevar a* 10 el último resultado (1,024); para ello, primero calculamos su cuadrado y a partir de él su cubo:

$$
\begin{aligned}
1{,}0^2 = &\quad 1,\ 0\ 0 \\
2\cdot(2\cdot 1) = &\qquad\ \ 0\ 4 \\
2\cdot(2\cdot 0) = &\qquad\quad\ 0\ 0 \\
2^2 = &\qquad\qquad\ 0\ 4 \\
+ &\quad\ -\ -\ -\ -\ - \\
1{,}02^2 = &\quad 1,\ 0\ 4\ 0\ 4 \\
2\cdot(4\cdot 1) = &\qquad\ \ 0\ 8 \\
2\cdot(4\cdot 0) = &\qquad\quad\ 0\ 0 \\
2\cdot(4\cdot 2) = &\qquad\qquad\ 1\ 6 \\
4^2 = &\qquad\qquad\quad 1\ 6 \\
+ &\quad g\ f\ e\ d\ c\ b\ a \\
1{,}024^2 = &\quad 1,\ 0\ 4\ 8\ 5\ 7\ 6 \\
(10-1)g = &\quad 09 \\
(10-1)f + 2g = &\quad\ \ 0\ 2 \\
(10-1)e + 2f + 4g = &\qquad\ 4\ 0 \\
(10-1)d + 2e + 4f = &\qquad\quad 8\ 0 \\
(10-1)c + 2d + 4e = &\qquad\qquad 7\ 7 \\
(10-1)b + 2c + 4d = &\qquad\qquad 1\ 0\ 5 \\
(10-1)a + 2b + 4c = &\qquad\qquad\quad 8\ 8 \\
2a + 4b = &\qquad\qquad\qquad 4\ 0 \\
4a = &\qquad\qquad\qquad\quad 2\ 4 \\
+ &\quad -\ -\ -\ -\ -\ -\ -\ -\ - \\
1{,}024^3 = &\quad 1{,}0\ 7\ 3\ 7\ 4\ 1\ 8\ 2\ 4
\end{aligned}
$$

Ahora tenemos que hallar la novena potencia de 1,024 obteniendo el cubo del resultado anterior a partir de su cuadrado sumando los términos que correspondan. Para obtener el cuadrado de 1,073 741 824 vamos calculando los cuadrados de 10, 107, 1073, 10737, 107374, 1073741, 10737418, 107374182 y 1073741824 transformando el anterior en el siguiente mediante la suma de unos pocos términos (el número de cifras del cuadrado que se va a transformar determina la posición del primero de ellos y los demás se van desplazando un lugar a la derecha); en las operaciones no se tiene en cuenta la coma hasta el resultado final:

$$
\begin{array}{rrrrrrrrrr}
10^2 = & 1 & 0 & 0 & & & & & & \\
2 \cdot (7 \cdot 1) = & & 1 & 4 & & & & & & \\
2 \cdot (7 \cdot 0) = & & 0 & 0 & & & & & & \\
7^2 = & & & 4 & 9 & & & & & \\
107^2 \mathrel{+}= & 1 & 1 & 4 & 4 & 9 & & & & \\
2 \cdot (3 \cdot 1) = & & & 0 & 6 & & & & & \\
2 \cdot (3 \cdot 0) = & & & 0 & 0 & & & & & \\
2 \cdot (3 \cdot 7) = & & & & 4 & 2 & & & & \\
3^2 = & & & & 0 & 9 & & & & \\
1073^2 \mathrel{+}= & 1 & 1 & 5 & 1 & 3 & 2 & 9 & & \\
2 \cdot (7 \cdot 1) = & & & 1 & 4 & & & & & \\
2 \cdot (7 \cdot 0) = & & & 0 & 0 & & & & & \\
2 \cdot (7 \cdot 7) = & & & & 9 & 8 & & & & \\
2 \cdot (7 \cdot 3) = & & & & & 4 & 2 & & & \\
7^2 = & & & & & 4 & 9 & & & \\
10737^2 \mathrel{+}= & 1 & 1 & 5 & 2 & 8 & 3 & 1 & 6 & 9 \\
2 \cdot (4 \cdot 1) = & & & & 0 & 8 & & & & \\
2 \cdot (4 \cdot 0) = & & & & 0 & 0 & & & & \\
2 \cdot (4 \cdot 7) = & & & & & 5 & 6 & & & \\
2 \cdot (4 \cdot 3) = & & & & & & 2 & 4 & & \\
2 \cdot (4 \cdot 7) = & & & & & & & 5 & 6 & \\
4^2 = & & & & & & & 1 & 6 & \\
1{,}07374^2 \mathrel{+}= & 1{,} & 1 & 5 & 2 & 9 & 1 & 7 & 5 & 8 & 7 & 6 \\
\end{array}
$$

Como la parte izquierda del número va quedando fija, vamos a continuar con los cuadrados que restan por calcular en otra tabla que enlaza con la anterior; los puntos suspensivos representan el número 1,1529, esto es, la primera parte del cuadrado de 1,073 74:

$$
\begin{array}{rrrrrrrrrr}
1{,}073\,74^2 = & \ldots & 1 & 7 & 5 & 8 & 7 & 6 & & \\
2 \cdot (1 \cdot 1) = & & 0 & 2 & & & & & & \\
2 \cdot (1 \cdot 0) = & & & 0 & 0 & & & & & \\
2 \cdot (1 \cdot 7) = & & & & 1 & 4 & & & & \\
2 \cdot (1 \cdot 3) = & & & & & 0 & 6 & & & \\
2 \cdot (1 \cdot 7) = & & & & & & 1 & 4 & & \\
2 \cdot (1 \cdot 4) = & & & & & & & 0 & 8 & \\
1^2 = & & & & & & & & 0 & 1 \\
+ & - & - & - & - & - & - & - & - & - \\
1{,}073\,741^2 = & \ldots & 1 & 9 & 7 & 3 & 5 & 0 & 8 & 1 \\
2 \cdot (8 \cdot 1) = & & 1 & 6 & & & & & & \\
2 \cdot (8 \cdot 0) = & & & 0 & 0 & & & & & \\
2 \cdot (8 \cdot 7) = & & & & 1 & 1 & 2 & & & \\
2 \cdot (8 \cdot 3) = & & & & & 4 & 8 & & & \\
2 \cdot (8 \cdot 7) = & & & & & & 1 & 1 & 2 & \\
2 \cdot (8 \cdot 4) = & & & & & & & 6 & 4 & \\
2 \cdot (8 \cdot 1) = & & & & & & & & 1 & 6 \\
8^2 = & & & & & & & & 6 & 4 \\
+ & - & - & - & - & - & - & - & - & - \\
1{,}073\,741\,8^2 = & \ldots & 2 & 1 & 4 & 5 & 3 & 0 & 6 & 7 & 2 & 4 \\
\end{array}
$$

En la siguiente tabla los puntos suspensivos representan a 1,152 92 (el inicio del cuadrado de 1,073 741 8):

Cálculo de logaritmos

$$
\begin{array}{r}
\mathbf{1{,}073\,741\,8^2} = \;\ldots\; 1\;4\;5\;3\;0\;6\;7\;2\;4 \\
2\cdot(\mathbf{2}\cdot\mathbf{1}) = 0\;4 \\
2\cdot(\mathbf{2}\cdot\mathbf{0}) = 0\;0 \\
2\cdot(\mathbf{2}\cdot\mathbf{7}) = 2\;8 \\
2\cdot(\mathbf{2}\cdot\mathbf{3}) = 1\;2 \\
2\cdot(\mathbf{2}\cdot\mathbf{7}) = 2\;8 \\
2\cdot(\mathbf{2}\cdot\mathbf{4}) = 1\;6 \\
2\cdot(\mathbf{2}\cdot\mathbf{1}) = 0\;4 \\
2\cdot(\mathbf{2}\cdot\mathbf{8}) = 3\;2 \\
\mathbf{2^2} = 0\;4 \\
+\;-\;-\;-\;-\;-\;-\;-\;-\;-\;-\;-\;-\;- \\
\mathbf{1{,}073\,741\,82^2} = \;\ldots\; 1\;4\;9\;6\;0\;1\;6\;9\;1\;2\;4
\end{array}
$$

En la siguiente tabla los puntos suspensivos representan a 1,152 921 (el inicio del cuadrado de 1,073 741 82):

$$
\begin{array}{r}
\mathbf{1{,}073\,741\,82^2} = \;\ldots\; 4\;9\;6\;0\;1\;6\;9\;1\;2\;4 \\
2\cdot(\mathbf{4}\cdot\mathbf{1}) = 0\;8 \\
2\cdot(\mathbf{4}\cdot\mathbf{0}) = 0\;0 \\
2\cdot(\mathbf{4}\cdot\mathbf{7}) = 5\;6 \\
2\cdot(\mathbf{4}\cdot\mathbf{3}) = 2\;4 \\
2\cdot(\mathbf{4}\cdot\mathbf{7}) = 5\;6 \\
2\cdot(\mathbf{4}\cdot\mathbf{4}) = 3\;2 \\
2\cdot(\mathbf{4}\cdot\mathbf{1}) = 0\;8 \\
2\cdot(\mathbf{4}\cdot\mathbf{8}) = 6\;4 \\
2\cdot(\mathbf{4}\cdot\mathbf{2}) = 1\;6 \\
\mathbf{4^2} = 1\;6 \\
+\;-\;-\;-\;-\;-\;-\;-\;-\;-\;-\;-\;-\;- \\
\mathbf{1{,}073\,741\,824^2} = \;\ldots\; 5\;0\;4\;6\;0\;6\;8\;4\;6\;9\;7\;6
\end{array}
$$

esto es, $1{,}024^6 = (1{,}024^3)^2 = 1{,}152\,921\,504\,606\,846\,976$ que puede redondearse en la novena cifra decimal sin perder mucha precisión quedando simplificado a 1,152 921 505 y así reducir los cálculos de conversión a cubo, con lo que tendríamos $(1{,}024^3)^3 = 1{,}024^9$. Los sumandos necesarios para la conversión de una potencia a la siguiente son (considerando la última cifra decimal sin redondeo):

$$1\,073\,741\,824^2 = \begin{matrix} 1 & 1 & 5 & 2 & 9 & 2 & 1 & 5 & 0 & 4 \\ j & i & h & g & f & e & d & c & b & a \end{matrix}$$

$$\boxed{A} = (1-1)j = 000$$
$$\boxed{B} = (1-1)i + 0j = 000$$
$$\boxed{C} = (1-1)h + 0i + 7j = 007$$
$$\boxed{D} = (1-1)g + 0h + 7i + 3j = 010$$
$$\boxed{E} = (1-1)f + 0g + 7h + 3i + 7j = 045$$
$$\boxed{F} = (1-1)e + 0f + 7g + 3h + 7i + 4j = 040$$
$$\boxed{G} = (1-1)d + 0e + 7f + 3g + 7h + 4i + 1j = 109$$
$$\boxed{H} = (1-1)c + 0d + 7e + 3f + 7g + 4h + 1i + 8j = 084$$
$$\boxed{I} = (1-1)b + 0c + 7d + 3e + 7f + 4g + 1h + 8i + 2j = 099$$
$$(1-1)a + 0b + 7c + 3d + 7e + 4f + 1g + 8h + 2i + 4j = 136$$
$$\boxed{K} = 0a + 7b + 3c + 7d + 4e + 1f + 8g + 2h + 4i = 069$$
$$\boxed{L} = 7a + 3b + 7c + 4d + 1e + 8f + 2g + 4h = 165$$
$$\boxed{M} = 3a + 7b + 4c + 1d + 8e + 2f + 4g = 075$$
$$\boxed{N} = 7a + 4b + 1c + 8d + 2e + 4f = 081$$
$$\boxed{O} = 4a + 1b + 8c + 2d + 4e = 066$$
$$\boxed{P} = 1a + 8b + 2c + 4d = 018$$
$$\boxed{Q} = 8a + 2b + 4c = 052$$
$$\boxed{R} = 2a + 4b = 008$$
$$\boxed{S} = 4a = 016$$

que debidamente situados y sumados de arriba abajo y

de izquierda a derecha nos transforman el cuadrado de 1,073 741 824 en su cubo, a la vez que el cuadrado de 1,024³ en su cubo y por tanto la potencia a la sexta de 1,024 en su potencia a la novena (el cuadrado ha sido redondeado en la undécima cifra decimal; sólo hemos necesitado los primeros cálculos de la tabla anterior):

$$
\begin{aligned}
1{,}073\,741\,824^2 &= 1,\ 1\ 5\ 2\ 9\ 2\ 1\ 5\ 0\ 4\ 6\ 1 \\
\boxed{A} &= 0 \\
\boxed{B} &= 0\ 0 \\
\boxed{C} &= 0\ 0\ 7 \\
\boxed{D} &= \quad\ \ 0\ 1\ 0 \\
\boxed{E} &= \quad\ \ \ \ 0\ 4\ 5 \\
\boxed{F} &= \quad\ \ \ \ 0\ 4\ 0 \\
\boxed{G} &= \quad\ \ \ \ \ \ 1\ 0\ 9 \\
\boxed{H} &= \quad\ \ \ \ \ \ \ \ 0\ 8\ 4 \\
\boxed{I} &= \quad\ \ \ \ \ \ \ \ 0\ 9\ 9 \\
\boxed{J} &= \quad\ \ \ \ \ \ \ \ \ \ 1\ 3\ 6 \\
\boxed{K} &= \quad\ \ \ \ \ \ \ \ \ \ 0\ 6\ 9 \\
\boxed{L} &= \quad\ \ \ \ \ \ \ \ \ \ \ \ 1\ 6\ 5 \\
\boxed{M} &= \quad\ \ \ \ \ \ \ \ \ \ \ \ 0\ 7\ 5 \\
1{,}073\,741\,824^3 &= 1,\ 2\ 3\ 7\ 9\ 4\ 0\ 0\ 3\ 9\ 2\ 3\ \ldots \\
(1{,}024^3)^3 &= 1,\ 2\ 3\ 7\ 9\ 4\ 0\ 0\ 3\ 9\ 2\ 8\ 5
\end{aligned}
$$

La última línea de la tabla anterior muestra el valor real de $1{,}024^9$, que comparado con la conversión a cubo que hemos obtenido decide un valor de 1,237 940 039 3 para la novena potencia de 1024.

Ahora hay que obtener 1024^{10} multiplicando el resultado anterior por 1024:

$$1{,}024^{10} = 1{,}024 \cdot 1{,}237\,940\,039\,3 = 1{,}267\,650\,600\,2$$

o bien transformando $1{,}024^9$ en su siguiente potencia sumando los siguientes términos de conversión

$$1024^9 = \begin{matrix} 1 & 2 & 3 & 7 & 9 & 4 & 0 & 0 & 3 & 9 \\ j & i & h & g & f & e & d & c & b & a \end{matrix}$$

$$\boxed{A} = (\mathbf{1}-1)j = 00$$
$$\boxed{B} = (\mathbf{1}-1)i + \mathbf{0}j = 00$$
$$\boxed{C} = (\mathbf{1}-1)h + \mathbf{0}i + \mathbf{2}j = 02$$
$$\boxed{D} = (\mathbf{1}-1)g + \mathbf{0}h + \mathbf{2}i + \mathbf{4}j = 08$$
$$\boxed{E} = (\mathbf{1}-1)f + \mathbf{0}g + \mathbf{2}h + \mathbf{4}i = 14$$
$$\boxed{F} = (\mathbf{1}-1)e + \mathbf{0}f + \mathbf{2}g + \mathbf{4}h = 26$$
$$\boxed{G} = (\mathbf{1}-1)d + \mathbf{0}e + \mathbf{2}f + \mathbf{4}g = 46$$
$$\boxed{H} = (\mathbf{1}-1)c + \mathbf{0}d + \mathbf{2}e + \mathbf{4}f = 44$$
$$\boxed{I} = (\mathbf{1}-1)b + \mathbf{0}c + \mathbf{2}d + \mathbf{4}e = 16$$
$$\boxed{J} = (\mathbf{1}-1)a + \mathbf{0}b + \mathbf{2}c + \mathbf{4}d = 00$$
$$\boxed{K} = \mathbf{0}a + \mathbf{2}b + \mathbf{4}c = 06$$
$$\boxed{L} = \mathbf{2}a + \mathbf{4}b = 30$$
$$\boxed{M} = \mathbf{4}a = 36$$

a la novena potencia de 1024 debidamente desplazados de arriba abajo tal y como indica la siguiente tabla:

Cálculo de logaritmos

$$1{,}024^9 = 1,\ 2\ 3\ 7\ 9\ 4\ 0\ 0\ 3\ 9\ 3\ ...$$

$$\boxed{A} = 0$$
$$\boxed{B} = 0\ 0$$
$$\boxed{C} = 0\ 2$$
$$\boxed{D} = 0\ 8$$
$$\boxed{E} = 1\ 4$$
$$\boxed{F} = 2\ 6$$
$$\boxed{G} = 4\ 6$$
$$\boxed{H} = 4\ 4$$
$$\boxed{I} = 1\ 6$$
$$\boxed{J} = 0\ 0$$
$$\boxed{K} = 0\ 6$$
$$\boxed{L} = 3\ 0$$

$$1{,}024^{10} = 1,\ 2\ 6\ 7\ 6\ 5\ 0\ 6\ 0\ 0\ 2\ ...$$

Esto determina el **segundo dígito de la mantisa**. Los **demás dígitos** se calculan de la misma manera:

Cálculo	Comprobación	Mantisa
$1{,}024^{10} =$	$\mathbf{1{,}267\ 650\ 600\ 2} < 10$	$(0{,}3\mathbf{0}...)$
$1{,}267\ 650\ 600\ 2^{10} =$	$10{,}715\ 086\ 069\ 5 > 10$	(0)
$/10 =$	$\mathbf{1{,}071\ 508\ 606\ 9} < 10$	$(0{,}301...)$
$1{,}071\ 508\ 606\ 9^{10} =$	$\mathbf{1{,}995\ 063\ 111\ 5} < 10$	$(0{,}301\ \mathbf{0}...)$
$1{,}995\ 063\ 111\ 5^{10} =$	$999{,}002\ 066\ 070\ 9 > 10$	(0)
$/10 =$	$99{,}900\ 206\ 607\ 0 > 10$	(1)
$/10 =$	$\mathbf{9{,}990\ 020\ 660\ 7} < 10$	$(0{,}301\ 02...)$
$9{,}990\ 020\ 660\ 7^{10} =$	$9\ 900\ 653\ 558{,}96 > 10$	(0)
$/10 =$	$990\ 065\ 355{,}896 > 10$	(1)
$\vdots$	$\vdots$	$\vdots$
$/10 =$	$\mathbf{9{,}900\ 653\ 558\ 9} < 10$	$(0{,}301\ 029...)$
$9{,}900\ 653\ 558\ 9^{10} =$	$9\ 049\ 792\ 897{,}30 > 10$	etc.

de donde deducimos que:

$$\log 2 = \log_{10} 2 = 0{,}301\,029\,9 \cong \mathbf{0{,}301\,03}$$

En conclusión, el cálculo manual del logaritmo en base 10 de un número es sencillo pero laborioso.

Cálculo del logaritmo en base 2 de *e*

El logaritmo en base 2 de *e* es el número al que hay que elevar 2 para obtener *e* (aprox. 2,718 281 828 459…):

$$\log_2 e = n \Leftrightarrow 2^n = e = \mathbf{2{,}718\,281\,828\,459}\,045\,235\,360\ldots$$
$$(n = \mathbf{1{,}442\,695\,04}0\,888\,963\,407\,359\,924\,681\,0\ldots)$$

El algoritmo para calcularlo manualmente es similar al que usamos en el punto anterior cambiando 10 por 2, esto es, la división se efectúa entre 2 en vez de entre 10 y cuando el número es menor que 2 hemos hallado uno de los dígitos (el número de divisiones necesarias).

Para el cálculo de la **característica** del logaritmo se comprueba si $e < 2$; como no lo es, se divide por 2; y como el resultado es menor que 2, la característica es **1**:

Cálculo	Comprobación	*Característica*
	2,718 281 828 459 > 2	(0)
/2 =	**1,359 140 914 229 5** < 2	($\log_2 e = \mathbf{1}$,…)

Cálculo de logaritmos

El primer dígito de la **mantisa** precisa elevar al cuadrado el último resultado (1,359 140 914 229 5); esto se puede hacer como antes, ignorando la coma:

$$
\begin{array}{rrrrrrrrr}
\mathbf{1}^2 = & 1 & & & & & & & \\
2 \cdot (\mathbf{3} \cdot \mathbf{1}) = & 0 & 6 & & & & & & \\
\mathbf{3}^2 = & & 0 & 9 & & & & & \\
\mathbf{13}^2 \mathrel{+}= & 1 & 6 & 9 & & & & & \\
2 \cdot (\mathbf{5} \cdot \mathbf{1}) = & & 1 & 0 & & & & & \\
2 \cdot (\mathbf{5} \cdot \mathbf{3}) = & & & 3 & 0 & & & & \\
\mathbf{5}^2 = & & & & 2 & 5 & & & \\
\mathbf{135}^2 \mathrel{+}= & 1 & 8 & 2 & 2 & 5 & & & \\
2 \cdot (\mathbf{9} \cdot \mathbf{1}) = & & & 1 & 8 & & & & \\
2 \cdot (\mathbf{9} \cdot \mathbf{3}) = & & & & 5 & 4 & & & \\
2 \cdot (\mathbf{9} \cdot \mathbf{5}) = & & & & & 9 & 0 & & \\
\mathbf{9}^2 = & & & & & & 8 & 1 & \\
\mathbf{1359}^2 \mathrel{+}= & 1 & 8 & 4 & 6 & 8 & 8 & 1 & \\
2 \cdot (\mathbf{1} \cdot \mathbf{1}) = & & & & 0 & 2 & & & \\
2 \cdot (\mathbf{1} \cdot \mathbf{3}) = & & & & & 0 & 6 & & \\
2 \cdot (\mathbf{1} \cdot \mathbf{5}) = & & & & & & 1 & 0 & \\
2 \cdot (\mathbf{1} \cdot \mathbf{9}) = & & & & & & & 1 & 8 \\
\mathbf{1}^2 = & & & & & & & 0 & 1 \\
\mathbf{13591}^2 \mathrel{+}= & 1 & 8 & 4 & 7 & 1 & 5 & 2 & 8 & 1 \\
\end{array}
$$

y así sucesivamente hasta llegar al resultado:

13 591 409 142 295^2 = 184726402473260107557867025

el cual se convierte en 1,84726402473260107557867025 al ser multiplicado por $(10^{-13})^2 = 10^{-26}$ para obtener el lugar del punto decimal o coma; valor que debería ser redondeado a un número de cifras significativas que conserve la precisión inicial (comenzamos usando trece cifras en la representación del número *e*) lo que se traduce en 1,8472640247326. Se comprueba si es menor que 2 (si no lo fuera habría que dividirlo entre 2 y el dígito de la mantisa sería el *binario* 1); como es así, el **primer dígito de la mantisa** es **0** (*binario*). Para hallar los demás dígitos de la mantisa se procede como antes; cada número que determina cada nuevo dígito de la mantisa es el que inicia el siguiente ciclo **elevándose al cuadrado** (en la tabla, ∗∗ **2**), así se obtiene una secuencia binaria de 0s y 1s, resultado que se transforma a decimal una vez se dé por concluido el cálculo del logaritmo, multiplicando por la ponderación correspondiente:

$$1{,}3591409142295 \; Test \; Mantisa$$

```
** 2 = 1,8472640247326  < 2   0,0...
** 2 = 3,4123843770713  > 2   (0)
 /2 = 1,7061921885357  < 2   0,01...
** 2 = 2,9110917842202  > 2   (0)
 /2 = 1,4555458921101  < 2   0,011...
** 2 = 2,1186138440386  > 2   (0)
 /2 = 1,0593069220193  < 2   0,0111...
** 2 = 1,1221311550380  < 2   0,01110...
** 2 = 1,2591783291069  < 2   0,011100...
** 2 = 1,5855300644925  < 2   0,0111000...
** 2 = 2,5139055854096  > 2   (0)
 /2 = 1,2569527927048  < 2   0,01110001...
```

Cálculo de logaritmos

$$1{,}2569527927048 \quad Test \quad Mantisa$$
$$\vdots$$

```
** 2 =  1,5799303230884   < 2   0,...0...
** 2 =  2,4961798258142   > 2   (0)
 /2 =  1,2480899129071   < 2   0,...01...

** 2 =  1,5577284307005   < 2   0,...010...
** 2 =  2,4265178638126   > 2   (0)
 /2 =  1,2132589319063   < 2   0,...0101...

** 2 =  1,4719972358504   < 2   0,...01010...
** 2 =  2,1667758623512   > 2   (0)
 /2 =  1,0833879311756   < 2   0,...010101...

** 2 =  1,1737294094170   < 2   0,...0101010...
** 2 =  1,3776407265304   < 2   0,...01010100...
** 2 =  1,8978939713952   < 2   0,...010101000...
** 2 =  3,6020015266582   > 2   (0)
 /2 =  1,8010007633291   < 2   0,...0101010001...

** 2 =  3,2436037495120   > 2   (0)
 /2 =  1,6218018747560   < 2   0,...01010100011...

** 2 =  2,6302413209621   > 2   (0)
 /2 =  1,3151206604811   < 2   0,...010101000111...

** 2 =  1,7295423516242   < 2   0,...0101010001110...
** 2 =  2,9913167460618   > 2   (0)
 /2 =  1,4956583730309   < 2   0,...01010100011101...

** 2 =  2,2369939688174   > 2   (0)
 /2 =  1,1184969844087   < 2   0,...010101000111011...

** 2 =  1,2510355041314   < 2   0,...0101010001110110...
** 2 =  1,5650898325973   > 2   0,...01010100011101100...
** 2 =  2,4495061840995   > 2   (0)
 /2 =  1,2247530920498   < 2   0,...010101000111011001...
```

La conversión de la mantisa a *base* 10 se efectúa de la siguiente manera:

0,01110001010101000111011001...

$$= 1 \cdot 2^{-2} + 1 \cdot 2^{-3} + 1 \cdot 2^{-4} + 1 \cdot 2^{-8} + 1 \cdot 2^{-10} + 1 \cdot 2^{-12} + 1 \cdot 2^{-14} + 1 \cdot 2^{-18} + 1 \cdot 2^{-19} + 1 \cdot 2^{-20} + 1 \cdot 2^{-22} + 1 \cdot 2^{-23} + 1 \cdot 2^{-26}$$

$$= \frac{1}{2^2} + \frac{1}{2^3} + \frac{1}{2^4} + \frac{1}{2^8} + \frac{1}{2^{10}} + \frac{1}{2^{12}} + \frac{1}{2^{14}} + \frac{1}{2^{18}} + \frac{1}{2^{19}} + \frac{1}{2^{20}} + \frac{1}{2^{22}} + \frac{1}{2^{23}} + \frac{1}{2^{26}}$$

$$\cong 0{,}442\ 695\ 036\ 5 \cong \mathbf{0{,}442\ 695\ 04}$$

que unido a la característica aproxima el valor de $\log_2 e$ a $\mathbf{1{,}442\ 695\ 04}$; su inverso es $\mathbf{0{,}693\ 147\ 181}$.

Cálculo de logaritmos a partir del $\log_2 a$

El **logaritmo natural o neperiano** de un número a se puede calcular a partir del logaritmo en base 2 de a de la siguiente manera:

$$\ln a = \log_e a = \frac{\log_2 a}{\log_2 e} = (0{,}693\ 147\ 181) \cdot \mathbf{\log_2 a}$$

y el **logaritmo común o en *base* 10** de un número así:

Cálculo de logaritmos

$$\log a = \log_{10} a = \log_{10} 2 \cdot \log_2 a = (0{,}30103) \cdot \log_2 a$$

Además, el **logaritmo neperiano** puede convertirse **en** el logaritmo **común**:

$$\log a = (0{,}30103) \cdot \log_2 a = (0{,}30103) \cdot \frac{\ln a}{0{,}693147181}$$
$$= (0{,}434\,294\,5) \cdot \ln a$$

y el **logaritmo común en neperiano**:

$$\ln a = (0{,}693147181) \cdot \log_2 a = (0{,}693147181) \cdot \frac{\log a}{0{,}30103}$$
$$= (2{,}302\,585\,0) \cdot \log a$$

Algunas **propiedades** importantes de los logaritmos son:

$$\log_b a = \frac{\log_{b'} a}{\log_{b'} B} \quad (b' \text{ es «cualquier base»})$$

$$\log_b b = 1$$

$$\log_b (a \cdot c) = \log_b a + \log_b c$$

$$\log_b \left(\frac{a}{c}\right) = \log_b a - \log_b c$$

$$\log_b a^n = n \cdot \log_b a$$

Capítulo 11
El método *ABN*

El método *ABN* (*Algoritmo Basado en Números*) fue ideado por *Jaime Martínez Montero*, Doctor en Filosofía y Ciencias de la Educación e Inspector de Educación. La flexibilidad que proporciona a la hora de calcular lo hace un complemento ideal para este libro, si bien el capítulo sólo indica someramente cómo efectuar la suma, resta, multiplicación y división mediante este método.

Suma *ABN*

La ventaja de este método está en que la persona que opera puede elegir no sólo el número de pasos, sino las cantidades a sumar en cada uno de ellos, de forma que las sumas resulten más cómodas y manejables.

Para calcular cualquier suma bastan tres columnas; una para cada sumando y la restante para determinar la cantidad a desplazar de uno de los sumandos al otro:

Desplazar	Sumando 1		Sumando 2
	741	+	423
300	1041		123
103	1144		20
20	**1164**		0

El ejemplo anterior suma 423 a 741 en tres pasos:

- En el primero, se traslada 300 de 423 a 741 (ya que es cómodo sumar 7 y 3 para que hagan 10); 423 menos 300 es **123**; y 741 más 300 es **1041**.

- En el segundo, se traslada 103 de 123 a 1041; 123 menos 103 es restar 1 de 1 y 3 de 3, esto es, 0**20**; y 1041 más 103 es sumar 1 a las centenas y 3 a las unidades, a saber, **1144**.

- Por último, se traslada 20 a 1144, lo cual consiste en sumar 2 a las decenas, es decir, 1164.

El resultado de la operación es **1164**.

Resta *ABN* (*Detracción*)

Es tan flexible como la suma. Usa las mismas columnas que antes, pero esta vez se quita la misma cantidad (la que resulte más cómoda) de los dos operandos hasta que uno de ellos sea cero.

Tres columnas permiten calcular cualquier resta; una para el minuendo, otra para el sustraendo y otra adicional para la indicar la cantidad a sustraer tanto del minuendo como del sustraendo:

Restar	Minuendo	Sustraendo
	7**4**1 —	**4**23
400	3**4**1	**23**
21	3**20**	**2**
2	**318**	0

En el **ejemplo** anterior se eligió restar 423 de 741 en tan sólo tres pasos:

- En el primero, se resta 400 de 741 y 423.
- En el segundo, se resta 21 de 341 y 23.
- En el tercero y último, se resta 2 a 320 y 2.

El resultado de la operación es **318**.

Resta *ABN* (*Escalera ASCENDENTE*)

Usa dos columnas; esta vez **se suma cierta cantidad** (la que resulte más cómoda) *al operando de* **menor cuantía** hasta que se iguale al otro operando.

En la columna de mayor cuantía se indican las cantidades a añadir y en la otra cada suma parcial. Se acaba cuando este valor sea igual al mayor de los operandos. El resultado de la operación es la suma de todas las cantidades añadidas:

Minuendo		*Sustraendo*
741	–	423
300		723
7		730
11		**741**
+= **318**		

El ejemplo anterior resta 423 de 741 en tres pasos:

- En el primero, se añade **300** a 423.
- En el segundo, se añade **7** a 723.
- En el tercero y último, se añade **11** a 730.

El resultado de la operación es **318** (300 *más* 7 *más* 11).

Resta *ABN* (*Escalera DESCENDENTE*)

Usa dos columnas; esta vez **se resta cierta cantidad** (la que resulte más cómoda) *al operando de* **mayor cuantía** hasta que se iguale al otro operando.

En la columna de mayor cuantía se indican las cantidades a restar y en la otra cada resta parcial. Se acaba cuando este valor sea igual al menor de los operandos. El resultado de la operación es la suma de todas las cantidades sustraídas:

Minuendo		*Sustraendo*
741	—	423
301		**440**
7		4**3**3
10		**423**
+= **318**		

El ejemplo anterior resta 423 de 741 en tres pasos:

- En el primero, se resta **301** a 741.
- En el segundo, se resta **7** a 440.
- En el tercero y último, se resta **10** a 433.

El resultado de la operación es **318** (301 *más* 7 *más* 10).

Multiplicación *ABN*

Para multiplicar dos números, se toma uno de ellos y se genera una columna para cada una de sus partes constituyentes (unidades, decenas y centenas, etc.); se procede de la misma forma con el otro, pero esta vez añadiendo una fila por cada una de sus partes (unidades, decenas y centenas, etc.). Según la habilidad de cada uno, la partición en términos del segundo factor podría hacerse parcialmente (cambiando complejidad por menos filas) o no hacerse (se tendría sólo una fila). Posteriormente se rellena la tabla así formada con el producto de cada elemento de la fila y la columna que corresponda y se suman (normalmente primero cada fila y luego todas ellas):

×	**7000**	**500**	**40**	**6**	*Totales*
40	280 000	20 000	1 600	240	+301 840
8	56 000	4 000	320	48	+60 368
	7546		×	48	= 362 208

El producto **7546 × 48** es la suma de las filas (**362 208**).

División *ABN*

Dividir dos números por el método *ABN* consiste en ir restando valores conocidos menores que el dividendo ayudándose de una *escala (extendida o sintética)* creada a partir del divisor para facilitar la selección de cada uno de los cocientes parciales que sumados son el resultado de la operación.

La **escala extendida** se crea a partir del producto del divisor (d) por 1, 5, 10, 50, 100, 500, etc. hasta cubrir la magnitud del dividendo. Por ejemplo, para $d = 34$ se calcularían primero los productos de 34 por 1, 10, 100 y 1000 y a partir de ellos los restantes; $34 \times \mathbf{5}$ es 340 entre 2, esto es, **170** (la mitad de 300 —diez veces la mitad de 30— más la mitad de 10); $34 \times \mathbf{50}$ es diez veces $34 \times \mathbf{5}$; y $34 \times \mathbf{500}$ es diez veces $34 \times \mathbf{50}$:

$\times \mathbf{1} =$	$34 \times 1 =$	**34**
$\times \mathbf{5} =$	$34 \times 5 =$	**170**
$\times \mathbf{10} =$	$34 \times 10 =$	**340**
$\times \mathbf{50} =$	$34 \times 50 =$	**1700**
$\times \mathbf{100} =$	$34 \times 100 =$	**3400**
$\times \mathbf{500} =$	$34 \times 500 =$	**17000**
$\times \mathbf{1000} =$	$34 \times 1000 =$	**34000**

La **escala sintética** se crea a partir del producto del divisor (d) por 100, 500, 1000, etc. hasta cubrir la magnitud del dividendo. A partir de esta escala se obtienen dividiendo por 10 otras dos: la primera, con los productos del divisor por 10, 50, 100, etc. y la segunda, con los productos del divisor por 1, 5, 10, etc.

Para efectuar la división se precisan tres columnas; la primera para los dividendos (el inicial y los parciales), la segunda para las cantidades a restar y la última para cada cociente parcial y su suma (que es el resultado de la operación). P. ej. *división ABN* de 50755 *entre* 34:

		÷ 34		
Dividendo	*Restar*	*Cociente*		*Escala sintética*
50755	34000	1000		(34)
16755	13600	400		× 100 = 3400
3155	3060	90		× 500 = 17000
95	68	2		× 1000 − 34000
Resto = 27		+= 1492		× 1500 = 51000

La comparación del dividendo con la columna de la derecha de la escala determina el cociente (el valor a la izquierda de la misma o uno aproximado). El resto es el último dividendo y la suma de cocientes es el cociente.

Bibliografía

The Trachtenberg Speed System of Basic Mathematics.
(Translated an adapted by Ann Cutier and Rudolph McShane).
DOUBLEDAY & COMPANY, INC. GARDEN CITY, NEW YORK, 1960. Library of Congress Catalog Card Number 60-13513.

MATEMÁTICAS. Matemáticas modernas (Biblioteca Hispania Ilustrada. **Luis Postigo**). Editorial Ramón Sopena, S. A. ISBN 84-303-0194-1.

PROBLEMAS RESUELTOS de ANÁLISIS MATEMÁTICO
(Tercera edición. **José del Río Sánchez y Leopoldo Suárez Lago**).
Imprime y distribuye: Gráficas PAPEL, Plaza de Anaya nº 27. Depósito Legal: S-51-1.987.

Curso de Análisis Matemático I (Instituto Universitario de Ciencias de la Educación. **J. Escuadra Burrieza, J. Rodríguez Lombardero, A. Tocino García**). Ediciones Universidad de Salamanca, Apartado de correos nº 325. Salamanca. ISBN 84-7800-044-5. Depósito Legal: S. 368 - 1.991.

Química General. TERCERA EDICIÓN (Segunda edición en español). **Kenneth W. Whitten, Kenneth D. Gailey, Raymond E. Davis**. McGraw-Hill. ISBN 968-422-985-2.

WikiABN (*página web de Internet dedicada al método ABN*). La URL a diciembre de 2021 es https://wikiabn.com/

Obras del autor

Estimado lector, si disfrutó del libro, puede que desee explorar algunos de mis otros trabajos, cada uno de los cuales puede ubicarse visitando la URL de mi página de autor (https://amazon.com/author/davidhperez).

Para acceder a la página de su país, le sugiero acceder a la URL en el navegador y, **una vez cargada la página**, sustituir en «*www.amazon.com*» la extensión «*.com*» por la correspondiente, a saber, Alemania (*.de*), Australia (*.com.au*), Brasil (*.com.br*), Canadá (*.ca*), España (*.es*), Estados Unidos (*.com*), Francia (*.fr*), India (*.in*), Italia (*.it*), Japón (*.co.jp*), México (*.com.mx*), o Reino Unido (*.co.uk*).

Estos son los títulos de cada una de mis obras y un comentario de lo que contienen:

Astuces Secrètes Du Calcul Veda (Versión **francesa**, 2025)

Secret Tricks of Veda Calculation (Versión **inglesa**, 2024)

Cálculo sutil vs. Tretas Vedas (Versión **española**, 2024)

Los métodos Vedas para el cálculo de la India son famosos por su rapidez y eficiencia. Este libro desentraña sus secretos y enseña conceptos nuevos que permiten transformar los operandos en otros más manejables; sugiere métodos poco comunes y representaciones sumamente compactas para la suma, resta, multiplicación y división, elevar un número a una potencia o efectuar la raíz enésima de un número; explora la factorización y la división mediante fracciones auxiliares; hace hincapié en el concepto de número combinatorio y el binomio de Newton; muestra un método para construir cuadrados mágicos y crear tus propios sudokus, y enseña cómo escindir fácilmente fracciones en suma de otras más manejables. En suma, constituye el libre albedrío para el cálculo.

*Krom Trachtenberg (Versión en **esperanto**, 2026)*

*Au-delà de Trachtenberg (Versión **francesa**, 2024)*

*Beyond Trachtenberg (Versión **inglesa**, 2022)*

*Operación Trachtenberg (Versión **española**, 2021)*

Comenzó siendo un libro de autoayuda para adquirir confianza en uno mismo (exigiendo cierto esfuerzo en el lector) calculando de una forma poco ortodoxa, pero es mucho más, pues está centrado en la comprensión del método Trachtenberg. Enseña cómo sumar, restar, multiplicar, dividir, elevar un número a una potencia, efectuar la raíz enésima de un número, calcular logaritmos a mano, descomponer un número en sus factores integrantes, y a simplificar fracciones normales y unas tan especiales que (de forma aparentemente escandalosa) permiten obtener su fracción equivalente en un instante; así mismo dedica unas líneas a cómo son las reglas para redondear un número y al método ABN. La paciencia, la concentración y, sobre todo, una mente abierta, son indispensables en este libro.

*Lizard tears (Versión **inglesa**, 2026)*

*Lágrimas de lagartija (Versión **española**, 2021)*

Atrevida distopía provocada por un virus que cambia el sexo de los bebés a hombres para luego matarlos cuando desarrollan su capacidad de procreación. La solución pasa por la creación de una nueva especie genéticamente modificada.

*Rhymed Story of a Cat (Versión **inglesa**, 2022)*

*Histoire rimée d'un chat (Versión **francesa**, 2020)*

*Historia rimada de un gato (Versión **española**, 2020)*

Un maravilloso cuento sobre un gato callejero y sus vivencias hasta que acaba formando parte de una familia; está narrado en versos con rima libre. El formato del libro importa e influye en la percepción de la historia. La división en capítulos es apropiada. Sólo tiene un inconveniente: no está ilustrado.

*Esperanza (español vs. esperanto) (Versión **Eo/Es**, 2025)*

*Hope Against Hope (Versión **inglesa**, 2025)*

*Un suprême espoir (Versión **francesa**, 2020)*

*Esperanza (Versión **española**, 2019)*

Una historia dramática cargada de sentimiento para disfrutar sobre un genio considerado autista centrada en la esperanza, con un toque de fantasía.

*Barbe-vaudou, Seigneur des éléments (Ver. **francesa**, 2020)*

*Tontolandia y Barbaloca (Versión **española**, 2019)*

Esta es una fantasía compleja, no sólo por estar desordenada en el tiempo, sino por los cruces temporales que se dan entre los protagonistas. La versión española en papel carece de capítulos, no así como su versión digital, que además contiene un capítulo aclaratorio para mejorar la comprensión del aparente galimatías. La versión francesa tiene un título más afín a la historia y, aun conservando el desorden temporal, está dividida en capítulos.

GW-BASIC: Lenguajes Entrañables (Ver. *española*, 2019)

Posiblemente es el manual sobre este lenguaje de programación más completo. Los ejemplos están hechos específicamente para explorar la funcionalidad de cada instrucción del lenguaje. Así mismo, trata la recursividad admitida por intérpretes de BASIC de posteriores versiones, indicando cómo adaptarla a programas con números de línea propios de GW-BASIC. Hace hincapié en el ajuste de la precisión en el cálculo para obtener la información deseada hallando fracciones que aproximan el número π. Es un libro intemporal para aprender conceptos de programación.

Cruel life, beautiful life (Versión *inglesa*, 2019)
Vie cruelle, belle vie (Versión *francesa*, 2019)
Vida cruel, hermosa vida (Versión *española*, 2018)

Tres obras en una: «Sueño, luego existo» es una historia matemática con números de protagonistas que tienen vivencias propias de su entorno, como la creación de permutaciones; es un sueño provocado por una inteligencia; ¿basta eso para tener un alma?

«Un adorable gusano» es un cuento en el que un gusano de seda narra las etapas de su vida; ni más, ni menos.

«Upa cáncer» es una carta de ánimo para pacientes con cáncer.

Fragments de vie : Esprit Céleste (Versión *francesa*, 2020)
Retazos de vida: La mente celestial (Ver. *española*, 2017)

Este libro ha sido concebido principalmente para disfrutar de las palabras. Con una narrativa evocadora nos hace partícipes de una historia que podríamos considerar un drama con toques de humor bizarro negro y algo de erotismo en la que se plantea la posibilidad de los viajes en el tiempo, la existencia de universos infinitos y la loca idea de que el universo es una mente y que nosotros somos participamos en sus pensamientos al igual que un impulso eléctrico transmite información entre las neuronas de un cerebro. Una linda fantasía para el disfrute del intelecto.

Yo no era Santa Claus (es vs. eo) (Versión **Eo/Es**, 2025)

Je n'étais pas Père Noël (Versión **francesa**, 2018)

I wasn't Santa Claus (Versión **inglesa**, 2017)

Yo no era Santa Claus (Versión **española**, 2016)

Recorre la gran leyenda de este personaje al mismo tiempo realidad y mito, desde que supuestamente era Odín, pasando por San Nicolás y finalmente llegando a Santa Claus. Si bien es cierto que esta historia es inventada, San Nicolás existió y los milagros que aquí se narran se dan por ciertos. Es una historia navideña en la que Odín precisa de las matemáticas para resolver los enigmas que se le plantean, en especial, hace uso de mi estimada «simplificación escandalosa de fracciones» para resolver elegantemente un problema complejo (donde las coordenadas de «GLOI» son verídicas). El final quizás recuerda cuán parecida es la vida real a un sueño.

Âmes de lune bleue (Versión **francesa**, Mars 2017)

Souls of blue moon (Versión **inglesa**, 2016)

Almas de luna azul (Versión **española**, 2016)

Historia necesariamente corta para captar su esencia. La

información importante es anímica; sólo hay que permitirse sentir las vivencias de los personajes de esta leyenda inventada sobre dos seres que nacen bajo una luna azul. Plantea cuestiones no escritas, ¿existe un alma? ¿hay un número limitado de almas o son infinitas? ¿puede uno reencarnarse? ¿un alma puede estar en dos cuerpos? ¿pueden dos almas compartir uno? ¿existe el infierno? Y si es así ¿es creado por nosotros?

Né pour être heureux (Versión francesa, 2017)

Born to be happy (Versión inglesa, 2016)

Nacido para ser feliz (Versión española, 2016)

Este libro es corto porque así debe serlo. Las frases que evocan una escena visualizable deben leerse despacio para dar tiempo al cerebro a formar la escena; otras no requieren ese esfuerzo, pero no deben leerse a la ligera, pues en ellas reside la esencia de este libro: «todas las emociones que nos hacen humanos, definen nuestra personalidad y hacen sentir que formamos parte de este mundo». Esa información está ahí, solamente hay que permitir al cerebro «vibrar a su antojo» mientras explora esta entretenida historia de ciencia ficción especulativa que nos advierte que «la modificación genética para la mejora de la especie puede ser peligrosa».

*En diciembre de 2024 lancé la **última versión** de este libro **sólo en español** (posiblemente más correcto literariamente hablando, pero igualmente fácil de leer), que se corresponde con el **e-book** y el libro en **tapa dura en el mismo idioma**. La versión en tapa blanda, así como la que se encuentra en la antología de ficción fantástica sigue siendo la de origen, más antigua.*

Le dressage du Sudoku (Versión francesa, 2017)

Taming Sudokus *(Versión **inglesa**, 2016)*

Domando Sudokus *(Versión **española**, 2016)*

Tras describir brevemente qué es un Sudoku y su historia, resuelve uno específico de resolución media explicando cómo obtener toda la información necesaria para rellenar cada una de las casillas con el número correcto, de prácticamente todas las formas posibles. Es un método visual y sumamente efectivo para aprender hacer Sudokus de cualquier nivel de dificultad.

***Compresión de datos. La referencia completa* (*7 mar. 2014*).**

Es un PDF de la traducción al español de la gran obra de David Salomon de título "Data Compression. The Complete Reference. Fourth Edition". Es un libro introductorio sobre compresión de datos con mucha información sobre este tema. Está **disponible de forma gratuita** en la página dedicada al libro original en inglés, **hasta que David Salomon** (cuya página de autor es https://www.davidsalomon.name/) **así lo desee**. Al seleccionar el título del libro en inglés podemos acceder a la página dedicada al mismo, y en la parte inferior, donde se menciona que David Herrera Pérez (yo mismo) ha decidido traducir el libro al español, debería haber un enlace al PDF.